中共陕西省委精品出版扶持项目

★ 翱翔圆梦科技知识普及丛书 ★

欲与天公试比高

田战省 编

U0382527

西北工业大学出版社

西安

图书在版编目（CIP）数据

欲与天公试比高/田战省编. —西安：西北工业
大学出版社，2019.11
（翱翔圆梦科技知识普及丛书）
ISBN 978-7-5612-6425-6

Ⅰ. ①欲… Ⅱ. ①田… Ⅲ. ①航空-普及读物 Ⅳ.
① V2-49

中国版本图书馆 CIP 数据核字（2019）第 273696 号

YU YU TIANGONG SHI BI GAO

欲与天公试比高

策划编辑：李　杰
责任编辑：张　潼
责任校对：李阿盟　　刘　敏
出版发行：西北工业大学出版社
通信地址：西安市友谊西路 127 号　　　邮编：710072
电　　话：（029）88491757，88493844
网　　址：www.nwpup.com
印刷者：陕西金和印务有限公司
开　　本：787 mm × 1 092 mm　　　1/16
印　　张：15
字　　数：393 千字
版　　次：2019 年 11 月第 1 版　　　2019 年 11 月第 1 次印刷
定　　价：78.00 元

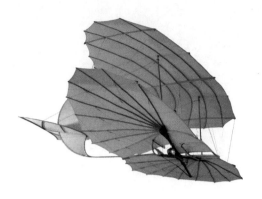

在很久以前,人类就对飞行充满幻想,幻想着自己也能像鸟儿一样在天空翱翔。为此,人类做了很多艰辛的尝试。在东、西方的神话故事和历史事件中,都记载了关于人类对飞天愿望的寄托和对飞行的尝试。虽然探索飞行的过程无比艰辛,但是人类从未放弃,并为此执着了上千年。

20世纪初,莱特兄弟发明了飞机,终于圆了人类的飞天梦想,全世界为之欢呼,航空业从此逐渐兴起。就在莱特兄弟发明飞机后不久,中国人冯如经过不懈探索,也制成了一架可载人飞行的动力飞机,实现了中华民族千年的飞天梦想。而此后由于历史原因,中国航空事业一度陷入低迷,直至新中国成立,我国航空事业才再度崛起,并逐渐取得了辉煌的成就。

本书主要讲述了人类对航空的探索历程。在航空历史上,曾涌现出很多传奇故事和人物,他们对于航空事业的执着追求体现着一种不断开拓、追求卓越和富于献身的时代精神。航空器的发明和发展与战争有着密切的联系,军用飞机及其他军用飞行器作为军事训练和行动的主要技术装备,因其超凡的性能和特点备受国家军队的宠爱,成为空中最耀眼的"武器明星"。而中国航空工业起步较晚,经过60多年的艰苦奋斗,实现了从无到有、从小到大、从弱到强,从简单仿制到自主研发,取得了一大批壮国威、振民心、长志气的重大科技进步成果,培养造就了一支业务精湛、素质优良、追求卓越的科技人才队伍。这些举世瞩目的成就不仅奠定了我国的国际地位,也使中华民族的航空强国之梦再度展开。

少年智则国智,少年强则国强。愿更多的青少年读者学习前辈不屈的探索精神,树立远大理想,热爱航空科学,投身航空事业,使祖国的航空事业再攀高峰。

人类的飞天之梦：
航空漫话篇

目录 Contents

描绘梦想,深入实践: 航空知识篇

圆梦蓝天,再创辉煌: 航空应用和未来篇

人类的飞天之梦:航空漫话篇

自古以来,人类一直梦想飞天,一批批执着于此的爱好者开始了漫长而艰辛的探索。他们研究鸟儿如何飞行,研究大气飞行环境,制作风筝,发明扑翼机。直到19世纪80年代,人类终于乘着热气球第一次飞上了天空!嫦娥奔月的古老神话承载着中华民族千年的飞天梦想,是中华民族勇于探索未知世界的美好愿望与精神寄托。在不断地探索中,从朱家仁的直升机到航空先驱冯如的载人动力飞机,再到中国第一架喷气式飞机的诞生,中华民族的飞天梦想就此展开……

人类的飞天之梦

"嫦娥奔月"是一个大家耳熟能详的美丽传说。在月明之夜,你是否也曾像古人一样仰望夜空,幻想着有一天能飞到月亮之上呢?对于飞天的渴望,不止中国人,世界上的其他国家也有很多关于飞行的神奇故事和动人传说。在这些故事和传说中所展现的关于飞行的想法或许显得幼稚,但却包含了人们对飞行梦想深深的渴望。

✈ 阿波罗的太阳战车

希腊神话里,阿波罗驾着由数匹周身散发金光的马拖驾的、车身用黄金打造的、能发出热量的太阳战车,每天早上飞向天空,傍晚再飞回来(就是日出和日落)。太阳战车可以驰骋天际,谁能驾驶这辆车,谁就可以在天际翱翔。因此,太阳战车也成为欧洲神话中最著名的飞行器之一。

▲ 阿波罗的太阳战车

✈ 长着翅膀的丘比特

希腊神话中的爱神丘比特是一个永远长不大的小孩,他长着一对翅膀,可以自由飞翔。顽皮可爱的丘比特时常背着自己的弓箭,在奥林匹斯山上和希腊诸岛间飞来飞去。他背的弓箭,有一支是金色的爱情之箭,凡是被这支箭射中的人都会瞬间坠入爱河;而另一支则是黑色的铅箭,被这支箭射中的人从此会对爱情无动于衷。

▲ 丘比特

▲ 飞毯

✈ 阿拉丁的"魔力飞毯"

在《一千零一夜》这部阿拉伯民间故事集中,少年阿拉丁和神灯的故事,相信你一定不会陌生。那张几次载着阿拉丁脱险的神奇飞毯,曾让很多的孩子羡慕不已。这张魔毯如此奇妙而且善解人意,若能乘着飞毯穿梭于云海之中,看着下面的城市乡村宛若沙盘中的布景,那是一件多么令人惊叹的事啊!

▼ 嫦娥奔月

✈ 骑着扫把的女巫

魔幻电影《哈利·波特》给大家留下了深刻的印象,电影中那根骑上就可以在空中飞翔的扫把,更是让人惊叹不已。在欧洲的一些神话传说中,时常会出现一些骑着扫把在天空穿行的女巫。她们可能举止怪异、行踪诡秘,还时常说些莫名其妙、神秘莫测的话。为什么女巫要骑着扫把在天空飞行呢?这或许跟她们通常都会魔法,又有着特立独行的生活习惯有关吧。

 探索之旅

嫦娥奔月

相传,远古的时候,天上突然同时出现了十个太阳,大地燥热异常。这时,一个名叫后羿的英雄出现了,他心地善良,为拯救百姓,他拉开一张巨弓,一口气射下了九个太阳,最后只留下一个最大的太阳。

后羿有个妻子叫嫦娥,后羿与妻子男耕女织,生活美满。在后羿成功射日之后,很多人慕名前来拜师学艺。在这些学艺的弟子中,有一个叫蓬蒙的人,他心术不正,用花言巧语骗后羿收他做弟子。

有一次,后羿到昆仑山访友,幸运地得到了一包西王母赏赐的不死药。据说,凡人服了此不死药后,不仅能延年益寿,还可以升天成仙。后羿不忍撇下妻子,就让嫦娥将药先收藏起来。可是,得到不死药的消息却被蓬蒙知道了。几天后,后羿带徒弟出门打猎,心怀鬼胎的蓬蒙装病没有出去。后羿走远后,蓬蒙逼着嫦娥交出不死药。嫦娥知道自己不是蓬蒙的对手,便先稳住蓬蒙,说自己去拿药,但她拿出药后并没有交给蓬蒙,而是自己将药吞下。

蓬蒙见嫦娥吞了不死药,气急败坏地要杀死嫦娥。但嫦娥因为服下了不死药,身子顷刻间变得轻盈如羽,蓬蒙人还未扑到,嫦娥就已经飘然离开地面,悠悠地朝着天空飞去。由于嫦娥一心牵挂着自己的丈夫后羿,所以,她便飞落到离人间最近的月亮上成仙,这样她就能看到后羿,而后羿也能在月圆之夜看到月宫里的她。

最早的飞行器——风筝

　　每当春暖花开,在户外常能看到放风筝的人。风筝可以算得上是世界上最早的飞行器,是人类在飞行尝试中的一个重大发明。风筝在我国已有2 000多年的历史了。古人将风筝称为纸鸢。南北朝时,风筝就已经成为传递信息的工具了;到了隋唐时期,造纸业达到一定高度,民间开始用纸来裱糊风筝;到了宋代以后,放风筝便成为人们喜爱的户外活动。

✈ 古老的飞行器——风筝

　　传统的风筝以竹篾等作骨架,用纸或绢糊制而成,在骨架底端系有长线,趁着风势可以飞上天空,这是一种单纯利用空气动力的飞行器,飞行原理和现代飞机很相似。如今,在一些国家的飞行博物馆中还展示有中国风筝。例如美国国家博物馆中的一块牌子醒目地写着:"世界上最早的飞行器是中国的风筝";英国博物馆把风筝称为"中国的第五大发明"。

▲ 风筝

✈ 最早的风筝

　　风筝起源于中国,之后广传于全世界。风筝最早出现在春秋时期,至今已有2 000多年的历史。相传,在春秋时期,墨家学派的鲁班花费了三年的时间,以木头和竹子为材料制作出一只木鹞,这只木鹞在天上飞了一天多时间才落下来。鲁班做的这只木鹞,应该算是世界上最早的"风筝"。

名人小传

梁武帝放风筝求援

梁武帝萧衍是南北朝时期梁朝的建立者。建国初期，他勤于政事，每天五更起床，批改公文奏章。在萧衍的治理下，梁国开始变得国富民强。但到晚年时，梁武帝开始笃信佛教，宠信奸臣。

侯景就是梁武帝时期有名的奸臣，他原来在北齐为官，因与贵族争权夺利落于下风而投奔梁国。来到梁国后，侯景因能言善辩，善于奉迎，很快就博得了梁武帝的欢心，并一路高升做到了大将军之职。因为得到梁武帝的宠信，侯景一时间成为朝中炙手可热的人物，于是他故态复萌，开始结党营私，图谋不轨。后来，侯景以杀奸佞为借口，发动叛乱，围困当时的国都建康。被围困在建康城中的梁武帝孤立无援，急需与城外的援军取得联系。当时，有人就想到了利用风筝携带书信求援。于是，梁武帝就将求援信夹在风筝上，趁着有风的时候放出。谁知道这只携带书信的风筝一飞出城外，就被叛军用弓箭射落了。叛军看到风筝上的求援信，得知建康城已处于弹尽粮绝的境地，为削弱城中的防守，叛军也利用风筝劝降城中的将领。在长期围困下，守城的将领被风筝上劝降信中的高官厚禄吸引，于是偷偷打开城门把侯景放了进来。梁武帝想用风筝求援，反被叛军用风筝里应外合攻破城池，最终做了亡国之君。

✈ 用于军事的风筝

风筝在军事方面也有大用处。韩信曾命人做了一只很大的风筝，在上面装了竹哨，于晚上在楚营上空漂浮，发出奇怪声音，瓦解了楚军士气。明朝的时候，人们在风筝上装载火药，然后使风筝相互碰撞，引燃风筝上的导火线，杀伤敌人。第二次世界大战（简称"二战"）时期，色彩鲜艳的风筝会将信息传递给敌人，提供飞机轰炸的目标，因此，很多国家都禁止放风筝。美军将风筝用作活动靶，来训练士兵打靶。

✈ "风筝试验"

1752 年的一天，阴云密布，电闪雷鸣。富兰克林和他的儿子一道，带着一只装有金属杆的风筝来到一片空旷地带。风筝很快就被放上高空，一道闪电从风筝上掠过，富兰克林用手靠近风筝上的铁丝，立即产生一种麻木感。随后，他又将风筝线上的电引入莱顿瓶中。这次"风筝试验"证明了雷电是空中的放电现象，从而发明了避雷针。

人类第一次升空

一直以来，人类就怀有一个美丽的梦想，那就是能够像小鸟一样在天空中自由自在地翱翔。为了实现这一夙愿，人们不断地对飞翔进行着探索，希望有一天，人类能够真正地飞上蓝天。经过几代人的不懈努力，人类最终在1783年制成了热气球，实现了飞天之梦。

✈ 摆脱大地的束缚

热气球是人类利用空气的浮力创造出来的一种轻于空气并能在大气层中飞行的简易航空器。热气球有着悠久的历史，在古代常被用来传递信号，现在则多用来装饰一些盛大会场或仪式。1783年，法国的蒙戈菲尔兄弟首次进行了热气球的飘行实验，这是欧洲第一个飞升云天的热气球。热气球的腾地而起，标志着人类开始摆脱大地的束缚，向天空迈进。从此，世界热气球的飘行之门被打开了。

✈ 热气球

热气球，严格来讲应该叫作密封热气球，主要由球囊、吊篮和用于加热空气的燃烧器组成。目前，球囊通常由阻燃的强化尼龙或涤纶制成。球囊的质地很薄、很轻，却有非常好的抗拉强度，而且是不透气的。吊篮由藤条编制而成，着陆时能起到缓和冲击的作用。燃烧器是热气球的心脏，它将燃烧加热的空气喷入球囊，使气球拖起吊篮一同升空。热气球上一般配有两套燃烧系统，用以防备空中可能出现的故障。

▲ 热气球

✈ 气球的升空

飘飞热气球需要多人共同努力完成，一般至少需要4个人。首先将球囊在地上铺展开，然后将它与放在一边的吊篮连接在一起，用一个小的鼓风机，将风吹入球囊，使气球一点点地膨胀，球囊完全展开后，开始点火。将火点燃加热气球球囊内的空气，热空气使气球升到垂直于吊篮的位置，再加几把大火，气球就可以起飞了。

✈ 热气球升空的基本原理

热气球的基本原理是热胀冷缩。当空气受热膨胀时，密度会变小而带动气球向上升起。热气球没有动力系统，唯一的飞行动力是风。对于环球飞行的热气球来说，必须选择速度和方向都合适的高空气流，并随之移动，才能高效地完成飞行。就像做环球旅行时需要不停地换飞机一样，热气球需要搭乘不同的气流，"换气流"时飞行员所要做的就是调整高度。热气球的高度通常要达到十几千米，才能获得所需的飘行动力。

▲ 蒙戈菲尔兄弟的热气球公开试验

✈ 首次升空

1783 年 6 月 4 日，法国的蒙戈菲尔兄弟在里昂一个广场进行了公开试验，他们用厚纸粘成一个气囊，制成了一个圆周为 30 米的巨大热气球。这只热气球在受热后缓缓升起，一只山羊和一只鸭子荣幸地成为了蒙戈菲尔兄弟所制造的热气球的第一批乘客。当天，热气球飘行的高度达 33 米，飘行时间为 10 分钟。同年，物理学家罗泽在法国完成了首次热气球载人飘行。

新知词典

人类第一次升空

1783 年 11 月，在完成了热气球搭载动物升空的试验之后，蒙戈菲尔兄弟又进行了一次热气球载人试验。当蒙戈菲尔兄弟要进行热气球载人试验的消息传出后，整个巴黎的人都议论纷纷，大家既激动又半信半疑，就连国王路易十六也投来前所未有的关注。

经过国王路易十六的批准，试验在凡尔赛宫前举行。路易十六本来打算让两个死囚犯乘坐热气球进行试验，如果他们活着回来，就赦免他们的死罪，结果有两个狂热的气球爱好者执意要参与试验，路易十六就答应了。

▲ 约瑟夫·米歇尔·蒙戈菲尔

这一天，两位热气球爱好者登上充满热气的气球，在众人的注视下，气球升到了 152 米的空中。热气球在空中飘行了 25 分钟、行程约 10 千米之后，安全降落到地面。这次试验也是人类第一次脱离地面进行的空中旅行。

从氢气球到飞艇

　　飞艇是人类在实现飞天梦路途上迈出的重要一步。飞艇和气球都属于比空气轻的航空器,但不同的是,飞艇有着自己的推进装置。大多数飞艇都采用流线型的气囊,通过气囊提供的浮力进行飞行。飞艇在载人飞行的历史上,没有气球出现的早,又不比飞机占有那么多的优势,但它以自己独特的方式成为人类的航空历史上重要组成部分。

✈ 主要构造

　　庞大的流线型艇体、艇体下面的吊舱、起稳定控制作用的尾面和推进装置,共同组成了一个憨态可掬的飞艇。不比气球身型轻巧,也不及飞机出身高贵,但是飞艇足够实用。飞艇的艇体气囊内充满密度比空气小的氦气或氢气,吊舱可供人员乘坐和装载货物,尾面主要用来控制和保持航向、俯仰的稳定。

▲ 飞艇

✈ 与系留气球的比较

　　飞艇也是利用轻于空气的气体来提供升力的航空器,它和系留气球都是军事利用价值最高的两类浮空器(即轻于空气的航空器)。飞艇比系留气球多了一个动力系统,可自行推进和控制飞行状态。它分有人驾驶和无人驾驶两类,也有拴系和未拴系之分。

探索之旅

世界上的第一次飞艇试验

　　1784年,法国人罗伯特兄弟制造出一艘鱼形飞艇。这只飞艇长15.6米,最大直径9.6米。罗伯特兄弟认为,飞艇在大气中沉浮、飞行应该和鱼在水中游动差不多。所以,他们特意将飞艇制成鱼形,并在艇上装上木桨,这桨是用绳子绷在直径2米的框上制成的。

　　7月6日,第一次试飞开始了。气囊里充进氢气之后,飞艇顺利地上升了。然而,情况突然发生了变化,罗伯特兄弟发现,气球越向上升,气囊胀得愈大,这样下去,气囊就有爆炸的危险!

　　为什么会这样?这时罗伯特兄弟意识到,越向上升,大气压强就越低,外边大气压减小,氢气体积就要膨胀,一旦气囊胀破,他们就会摔死。在这紧急关头,罗伯特兄弟慌忙刺破气囊放气,最终安全地降落下来。

　　这次试验也给了他们一些启示,应当在气囊上留一个放气阀门。2个月后,罗伯特兄弟俩人又对飞艇进行了改装,做了第二次飞行。这次飞行由7个人划桨做动力,飞行了7个小时,但只飞了几千米。虽然飞行速度很慢,但这毕竟是人类第一艘有动力的飞艇。

✈ 主要优势

氢气和氦气虽然都可作为飞艇艇体里所装的气体，但由于氦气是惰性气体，安全性能相对更高，所以现代飞艇一般都使用氦气来提供升力，有时也依靠飞艇上安装的发动机来提供部分的升力。飞艇上的发动机所产生的动力，主要用于飞艇的水平移动以及艇载设备的供电。

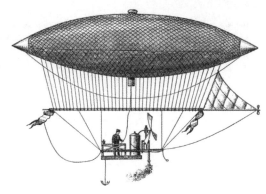

▲ 1872 年制造的可驾驶的飞艇

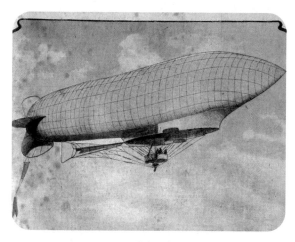

▲ 早期飞艇

✈ 飞艇的分类

通常从结构上可将飞艇分为三种类型：硬式飞艇、半硬式飞艇和非硬式飞艇。硬式飞艇是由内部骨架来保持形状和结构稳定的飞艇；半硬式飞艇主要通过气囊内的气体压力来保持其外形，但有刚性龙骨起辅助作用；非硬式飞艇通过外壳内的氦气压力来维持外形，辅之以内部副气囊内的可变体积空气。

✈ 高空预警飞艇

随着科技的发展，飞艇在很多领域有了新的用武之地。高空预警飞艇就是一类主要在高空执行预警侦察任务的专用飞艇。这种飞艇配有太阳能电池，能够飘浮于高空，执行长时间的预警和侦察任务。它们还可以避开暴风雪和狂风，能够长期模仿同步卫星与地面保持相对固定的位置。

▲ 现代飞艇

滑翔机的诞生

在人类的飞行史上，出现过许多形态各异的飞行器，而滑翔机是人类追寻飞行梦想历程中，制造的最早的飞行器。滑翔机起飞的时候，需要汽车来提供起飞的动力，或者从高处的斜坡上下滑到空中。在飞起来后，驾驶员可以通过对气流的驾驭，使滑翔机像动力飞机一样飞行。

✈ 种类齐全的滑翔机

滑翔机的种类很多，根据材料结构、用途、性能、座位数量等不同情况可分为很多种：按照材料结构，可分为木质、金属、玻璃钢和混合结构滑翔机；按照用途，可分为研究、运输、训练和竞赛滑翔机；按照飞行性能，可分为初级、中级、高级滑翔机；为适应不同训练方式，又有单座、双座和多座的区别；按照竞赛级别，可分为标准级、公开级、15米级和俱乐部级滑翔机。

✈ 动力滑翔机

20世纪20年代以来，动力滑翔机相继出现在一些工业发达的国家。这种滑翔机带有简易的动力装置，能自己起飞，在飞行中关闭动力装置后，仍能继续滑翔和翱翔，需要时还可以再次启动动力装置。现有一些国家将动力滑翔机列为正式机种，颁发证书。动力滑翔机具有结构简单、速度小、安全易学的特点，适用于飞行娱乐活动。其使用场地较小，是一种相对节约能源的飞行器。

✈ 悬挂式滑翔机

悬挂式滑翔机是一种没有起落装置和座舱，驾驶员吊在升力面之下进行滑翔的简易滑翔机。悬挂式滑翔机的翼面结构可分为两种：一种为硬机翼，一种为伞翼。悬挂式滑翔机的起飞方法比较简单，只要手举轻巧的伞翼，在地面迎风奔跑，或从山坡上顺坡跑下，就可以飞起来。驾驶这种滑翔机，人在空中像鸟一样飞翔，若利用上升气流，则可以飞得更高。目前，驾驶悬挂式滑翔机在一些国家已经成为一项群众性的航空运动。

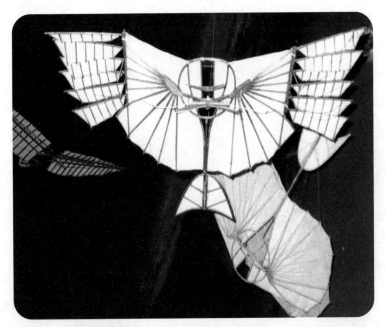

▲ 尽管李林塔尔的滑翔机也没有摆脱风筝的影响，但是他的滑翔机已经能够借助气流进行飞行，为后来机械飞机的产生奠定了基础。可以说，他的滑翔机是旧时代航空业的终点，是新时代航空业的起点

▲ 现代滑翔机

✈ 现代滑翔机

　　现代滑翔机由强度高、质量轻的材料制造而成，主要用于体育运动，分为初级滑翔机和高级滑翔机。前者主要用于飞行训练，后者主要用于竞赛和表演。20 世纪 70 年代以后出现了用碳纤维、复合材料制成的高级滑翔机。现代悬挂式滑翔机的机翼大多为伞翼，其平面形状为三角形或矩形，在锥形骨架上，铺有不透气的合成纤维布料。

▲ 滑翔机

名人小传

乔治·凯利的滑翔机

　　乔治·凯利被西方一些研究空气动力学的专家誉为"空气动力学之父"。在乔治·凯利 10 岁时，他看到过法国第一次载人热气球的升空。这次经历给凯利幼小的心灵种下了飞翔的种子，从那时起，他就对航空器十分着迷。在 26 岁时，他就设计出几乎已经具备现代飞机主要部件的飞行器草图。此后，他曾经研制过"旋翼"和"桨轮"飞机，并设计出一架扑翼机。

　　为研制出飞得更远的飞行器，凯利经常进行各种试验。虽然失败接踵而至，但在飞行梦的鼓舞下，他从未放弃过。长期的实践和研究，让凯利对飞行器有了进一步认识。他在晚年的时候将研究心得写成《论空中飞行》一文发表，这篇论文被后人视作航空学说的起跑线。虽然乔治·凯利终生都没有实现翱翔于蓝天的夙愿，但他的著作却为后人实现飞行梦指明了方向。后人在他的研究基础上，不断探索，终于摆脱了大地的束缚，自由地翱翔在蓝天上。

人力飞机

在经历了多次飞天尝试之后，人们逐渐认识到只有依靠强大的机械动力，才有可能轻松地飞上蓝天。但是，还有一些人固执地相信，依靠人力依旧可以实现飞天之梦，人力飞机就是这种信念下的产物。人力飞机是完全依靠人的体能作为驱动力飞行的飞机。因为动力较弱，所以目前，人力飞机只在体育娱乐方面得到比较多的应用。

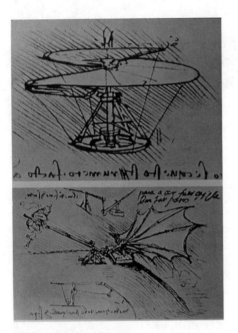

✈ 达·芬奇的"扑翼机"

五百多年前，文艺复兴时期的巨人达·芬奇非常痴迷于飞行，他在对鸟类进行了细致的研究之后，仿照鸟翼的式样，制造出一种扑翼机。达·芬奇的具体设想是，人俯卧在扑翼机中部，脚蹬后顶板，手扳前部装有鸟羽的横梁，就像划桨一样扇动空气，从而推动飞行。然而，依靠人力根本不能提供足够大的动力，所以达·芬奇的扑翼机最终还是失败了。

◁ 达·芬奇的"扑翼机"设计稿

✈ 自行车式飞机

在飞机诞生后不久，就有人开始研制人力飞机，希望人力飞机也能翱翔在蓝天上。这些人将小型飞机改装成人力飞机，加装自行车传动装置，或者干脆在自行车上装上机翼和尾翼，来实现短距离飞行。在1935年，德国人设计了一架自行车式的人力飞机，在试飞中，虽然这架人力飞机只升到了5米，在空中停留了20秒，但却飞行了450多米的距离。

▲ 早在1935年，意大利人就制成了一种脚踏式人力飞机，该机借助外力弹射起飞，依靠飞行员脚踏脚蹬带动螺旋桨旋转来驱动飞机飞行

✈ 改进中的人力飞机

在20世纪50年代以后，由于轻型材料和结构技术的迅速发展，人力飞机又进入一个新的发展时期。1961年，英国安普顿大学研制的"南安普顿"号人力飞机完成了首次飞行，这次飞行取得了622米的成绩。"南安普顿"号人力飞机采用大展弦比机翼、轻型材料、自行车加滑翔机的设计，这些设计也为现代人力飞机的发展奠定了基础。之后，英国人又设计出"海鸭"号、"木星"号，其中，"木星"号创造了飞行1 000米的飞行纪录。

▲ 人力飞机在空中试飞

✈ 人力飞机的分类和结构

人力飞机可分为自行车式飞机、常规固定翼飞机、扑翼机和旋翼机四种。一般人力飞机的动力结构很接近自行车，都用脚踩方式出力，用链条传输动力。与自行车不同的是，常规固定翼人力飞机不靠车轮推动，而是靠螺旋桨推进飞机前进，因此链条传动系统还需要有转向与变速机构。

▲ 1988 年制成的人力飞机

✈ 人力飞机的飞行记录

1988 年，美国航空航天管理局和麻省理工学院合作制造出的人力飞机，成功地飞行了 116 千米的距离，创造了世界纪录。因为动力的限制，飞行距离非常有限，但这并不影响人们对人力飞机飞行的参与热情。从人力飞机诞生至今，每年都有人试图刷新人力飞机的飞行纪录，但目前该记录还保持在 1988 年的 116 千米的飞行距离上。

探索之旅

飞跃英吉利海峡

1959 年，英国工业巨头亨利·克雷默拿出 50 000 英镑，奖励给第一个设计出一架可以在两个相隔 800 米的标识之间飞出一个数字 8 的飞机的人。面对巨额的奖金很多人跃跃欲试，结果都铩羽而归。直到 1978 年，一位英国人力飞机爱好者驾驶"信天翁"号人力飞机完成了任务，在众人羡慕的眼光中拿到了巨额的奖金。

一年后的 1979 年，这位人力飞机爱好者又驾驶着"信天翁"号人力飞机，完成了另一个创举——飞越了英吉利海峡，他这次成功飞行的距离为 35 千米。

▲ "信天翁"号人力飞机

莱特兄弟的发明

从 1902 年开始，莱特兄弟进行了一千多次滑翔试飞，自制了二百多种不同的机翼，进行了上千次风洞试验，设计出了具有较大升力的机翼。1903 年，莱特兄弟终于设计制作出了世界上第一架能够依靠自身动力载人飞行的飞机——"飞行者"1 号。

✈ 梦想的开端——"飞行者"1 号

"飞行者" 1 号翼展 13.2 米，升降舵在前，方向舵在后，两副两叶推进的螺旋桨由链条传动，着陆装置为滑橇式，并且装有一台质量为 70 千克、功率为 8.8 千瓦的四缸发动机。1903 年 12 月 14 日，"飞行者" 1 号在美国北卡罗莱纳州基蒂霍克的一片沙丘上起飞了。

▲ "飞行者"1 号复制品

名人小传
莱特兄弟

莱特兄弟是指威尔伯·莱特和奥维尔·莱特这两位美国发明家，他们是世人公认的飞机发明者。1903 年 12 月 17 日上午，莱特兄弟制造的第一架飞机——"飞行者"1 号在美国北卡罗莱纳州试飞成功。这次成功试飞标志着飞机的诞生，也表示利用机械动力，人类可以摆脱大地的束缚，飞向蓝天。

莱特兄弟中的大哥威尔伯·莱特比弟弟奥维尔·莱特大 4 岁，这种年龄的差距让兄弟俩在生活中配合非常默契。莱特兄弟从小就对机械装配和飞行充满浓厚的兴趣。成年后，他们从事着自行车修理和制造行业。兄弟俩聪明好学、刻苦钻研，为了实现儿时飞上蓝天的梦想，莱特兄弟在工作之余一直热心于飞行研究。通过长期研究和多次试验，他们得出了一个结论：要想解决飞机操纵这个关键问题，必须在飞机上装上某种

▲ 莱特兄弟

能使空气动力发挥作用的机械装置。按照这一想法，莱特兄弟通过多次试验，不断地尝试，不断地改进，多次失败之后，最终在 1903 年年底，在美国北卡罗莱纳州的基蒂霍克沙丘上空，人们看到了他们制造的载人飞机缓缓升空，开始自由地在蓝天上飞行。在经历了几百年的探索之后，人类飞天的梦想终于变成了现实。

✈ 奇迹的诞生

　　"飞行者"1 号的试飞结果并不理想，飞机才升高 1 米就出现了故障，但真正的奇迹诞生在 3 天后。1903 年 12 月 17 日，改变世界的时刻到来了！在这个不同寻常的日子里，莱特兄弟一共进行了 4 次飞行。最长的一次，由威尔伯·莱特驾机在空中停留了 59 秒，飞行了 260 米。

▲ 虽然莱特兄弟所使用的发动机被认为早已不复存在，但是大约 1910 年制造的序号为 17 的发动机样品被保存了下来，使我们今天仍能一睹最早飞机发动机的模样

▲ 莱特兄弟的"飞行者"1 号是人类历史上第一架能够依靠自身动力飞行的航空器，这是人类飞行史上一次伟大的质变，标志着人类初步具备了自由飞翔的能力

✈ 脚步永不停息

　　在莱特兄弟之后，人们对飞行奥秘的探索并没有停止，航空事业从那时起直至现在仍然在以惊人的速度不断发展。越来越多的新式飞机被研制出来，被应用到愈加广阔的领域。有越来越多的人投身到这一创造性的事业当中，继续着人类永无止境的创造使命。

▼ "莱特和飞机"雕塑

中国航空先驱冯如

　　冯如是首位驾驶自制飞机上天的中国人，被誉为中国航天之父。他制造的飞机首飞里程比莱特兄弟的"飞行者"1号首飞还要远，并在国际上获得了认可。冯如将自己的毕生精力奉献给了祖国航空科技这项伟大事业，他的生命虽然短暂，却是为中华崛起而奋斗的光辉的一生。

中国航空之父

冯如

1884.1.12-1912.8.25

✈ 贫苦人家的孩子

　　1884年，冯如出生于广东省恩平县一个贫苦农民的家里。他从小喜欢制作风筝和车等玩具，对神话故事尤其是飞天故事，更是充满向往。冯如12岁那年，在美国旧金山做小生意的舅舅回家探亲，想把冯如带到美国去谋生。在征得父母同意后，年仅12岁的冯如跟随舅舅漂洋过海前往美国。

✈ 为了祖国而努力

　　冯如到了美国以后，这里的先进机器和技术以及人们的生活状况，令他深有感触。他由此认识到，国家的富强离不开工业的发展，而机械工业则是工业发展的重中之重。于是，他前往纽约，在那里攻读机械制造专业。几年之后，冯如已经具备了广博的机械制造知识，他通晓36种机器原理，还发明了抽水机和打桩机。他设计制造的无线电收发报机也由于性能良好深受用户的欢迎。

◀ 冯如雕像

✈ "航空救国"的理想

1903 年莱特兄弟自制飞机的试飞成功使冯如萌生了试制飞机的念头，而次年日本和沙皇俄国为了争夺在中国东北的特权而进行的一场战争，更促使冯如坚定了"航空救国"的决心。为了研制飞机，冯如变卖了自己的家当，还到当地华侨中去募集资金。1907 年 9 月，他的研制工作如愿开始了。

▲ 莱特兄弟对冯如制造飞机有很大的影响

✈ 祖国的荣誉

1909 年中旬，冯如制成了一架可载人飞行的动力飞机，经历了两次试飞，获得成功。1910 年，冯如带着他设计和制造的性能更好的飞机，参加了在旧金山举办的国际飞行比赛，荣获了优等奖，成为了举世公认的飞机设计师、制造家和飞行家。1911 年初，冯如带着自制的两架飞机以及设备机器回到中国，开始他在祖国土地上的航空之梦。

 名人小传

英年早逝的中国航空先驱

1912 年，孙中山就任南京政府临时大总统后，非常重视中国航空事业的发展。孙中山积极筹建南京机场，并于 1912 年 2 月举行了中国的第一次航空飞行表演。在这次演习中，冯如等人驾驶的飞机因为中途发生故障，没有完成飞行表演。虽然表演没有完成，但这毕竟是中国人第一次在中国国土上使用自己的飞机进行的飞行演习，因此全国舆论都争相报道冯如和他设计的飞机。

1912 年 8 月，冯如在广州郊区进行第二次飞行表演。当时，整个机场周围坐满了前来观看表演的群众，人们手持鲜花、彩旗，争相目睹冯如的风采。冯如穿着飞行服，英姿飒爽，在群众的掌声中向大家介绍飞机的性能。之后，他登上飞机为观众进行飞行表演，随着马达的轰鸣声，飞机在空中忽高忽低，做着各种飞行动作。地面上的观众欢声雷动，鼓乐齐鸣。

然而，就在飞行表演即将结束的时候，飞机发生了故障。为了避免造成更大的伤害，冯如尽量将飞机飞向没人的地方，最后，在一阵抖动中，飞机坠落到草地上。人群如潮水一般涌向冒着浓烟的飞机残骸，当人们将冯如从残骸中救出时，他全身都已负伤。虽然人们以最快速度将冯如送到了医院，但还是没能挽救其性命。冯如的英年早逝，对我国航空事业的发展是一个很大的损失。

双翼飞机的出现

　　莱特兄弟的飞机飞上天后,航空领域迎来很大的发展。由于当时技术水平落后,发动机效率低下,人们开始尝试将飞机翼设计成双翼,以获得足够的升力。所谓双翼飞机就是有两对机翼的飞机。尽管这种飞机十分古老,但是直到今天,它依然深受广大飞行迷们的喜爱。在许多飞行表演中,都可以看到双翼飞机的身影。

✈ 采用双翼的原因

　　现代飞机大都采用单片机翼,而早期的飞机却都是双翼甚至是三翼的。早期的飞机由于发动机的功率小、质量大,建造机体的材料大多是木材和蒙布,因此飞行速度慢,单片机翼所产生的升力也不能将机身抬起。为解决飞机升力问题,需要较大面积的机翼,于是设计出双翼以获得足够的升力,增加飞行时间和延长飞行距离。

▲ 最初的双翼飞机使用的材料十分简单,飞行性能也十分有限

✈ 特殊结构

　　在结构强度方面,人们吸取桥梁建造的经验,把上、下机翼通过支柱和张线连成一个桁架梁,增加结构受力强度,提高机翼刚度,减轻结构质量。这些优点使得双翼机成为早期飞机的主要形式。随着飞机速度的不断提高,双翼机支柱和张线的阻力越来越大,成为提高飞行速度的主要障碍。直到高强度铝合金材料问世后,人们才能制造出结构质量不太大而又能承受大载荷的薄机翼。

▼ 现在双翼飞机大多用于体验飞行的娱乐项目,因为双翼飞机飞行速度慢,飞行高度低,因此相对比较安全

✈ 美中不足

在双翼飞机盛行的年代，机翼基本上都是用木料和蒙布制成的，不像现代金属飞机那样结构坚固，因此其飞行速度也不能和现在的飞机相比。一般情况下，双翼飞机的飞行速度大都在 400 千米/时以下，这样可以兼顾飞行和安全。由于双翼飞机的体形比较笨重，不容易提高升力，所以它在空中的飞行高度也要比现代飞机低得多。但即便是这样，它的速度也是地面交通工具不可比拟的。

▲ 双翼飞机在飞行时，两个机翼都可以为飞机提供升力，但是由于多了一个机翼，增加了质量，所以还是飞得很低

✈ 开辟新的领域

波音·斯蒂尔曼 75 型双翼飞机是于 20 世纪 30—40 年代作为军事练习飞机在美国制造的。1934 年，斯蒂尔曼飞机公司被美国波音公司收购，成为其子公司。该型号飞机曾作为初级教练机服务于美国陆军航空部队，作为基础教练机服务于美国海军，并且以"西点学生"的身份与加拿大皇家空军一起参加了二战。战争结束后，剩余的数千架飞机在民用市场上出售。此后，它们作为农业飞机和运动类飞机广为流行。

▶ 20 世纪 20 年代后，双翼飞机的结构更加紧凑，制作材料也更高级，符合高速飞行需要

✈ 缺点逐渐显现

自从飞机问世以来，双翼飞机在军事方面得到广泛应用，其性能不断提高，构造不断完善。20 世纪 30 年代以后，随着活塞式发动机不断改进，飞机功率增大，质量减轻，飞行速度不断提高，这时双翼机阻力大的缺点便暴露了出来。随着强度高、质量轻的硬铝合金的问世及结构分析技术的完善，使得在不过分增加结构质量的情况下用全金属的单翼机代替双翼机成为可能。

探索之旅

亨利·法尔芒成功试飞

1908 年 1 月 13 日，法国驾驶员亨利·法尔芒第一次进行长时间圆圈飞行。当时，法尔芒驾驶一架装有 50 马力[①]引擎的约 136 千克的飞机，在距巴黎东南部的伊塞起飞，飞机速度达到 38.6 千米/时，高度为 25~30 英尺[②]，总共飞行一千多米，轻而易举地达到了当时的飞行要求。这次飞行证明了瓦赞推进式双翼机可以取代操纵方便的气球在空中飞行。

1912 年，法尔芒与其兄弟一起兴办了"法尔芒"飞机制造公司。之后，他们的公司共设计和制造约 30 种民用和军用飞机。第一次世界大战时，著名的 F-20、F-30 和 F-40 飞机被协约国各国用作校射机和侦察机，F-50 被用作轰炸机。

注：① 1 马力 ≈ 0.735 千瓦

② 1 英尺 ≈ 0.304 8 米

洛克希德·马丁公司

　　追梦的不止波音公司一家,洛克希德·马丁公司也在追寻自己的航空航天梦想。洛克希德公司成立于1912年,迄今已有百年余历史。1995年,洛克希德和马丁·玛丽埃塔公司合并为洛克希德·马丁公司。该公司研发出F-22"猛禽"战斗机、"哈勃"太空望远镜等著名产品,将人类的飞天梦想又向前推进了一大步。

✈ 创立洛克希德公司

　　1912年,阿伦·洛克希德和马尔科姆·洛克希德兄弟在加利福尼亚州圣塔巴巴拉市创建了一家水上飞机公司,后该公司更名为洛克希德飞行器制造公司。1926年原洛克希德公司倒闭,阿伦·洛克希德在加州好莱坞市重新开办了洛克希德飞行器公司,1929年该公司被卖给了底特律飞行器公司。

✈ 格罗斯兄弟入主

　　20世纪30年代初期的美国经济大萧条期间,底特律飞行器公司倒闭。1934年,罗伯特·格罗斯和科特兰·格罗斯兄弟收购了部分原洛克希德公司,罗伯特·格罗斯成为新公司主席并把公司改名为洛克希德公司。洛克希德公司研发了L-10伊莱克特拉型双发动机运动机,后来该机还成为二战期间著名的"哈德逊"轰炸机的原型机。

▼ C-5"银河"喷气运输机

✈ 二战中的成绩

在二战爆发之初，洛克希德公司成功研发了 P-38 "闪电" 战斗机。这是一款双发动机加上双尾椼机身结构的高速拦截机，在战场上主要用于对地攻击，轰炸机护航以及夺取空中优势等。整个二战期间，洛克希德公司共生产了 19 278 架飞机，其数量约占战争期间美国飞机制造总量的 60%。

▲ F-22 "猛禽" 战斗机

◀ P-38 "闪电"
战斗机

✈ 战后生产

二战期间，洛克希德公司开发了 L-049 "星座" 客机。该飞机可运载 43 名乘客以大约 4.8 千米/时的速度从纽约飞到伦敦，但直到战争结束后它才开始在民航营运。冷战期间，洛克希德公司还研发了 F-104 两倍声速战斗机，L-1011 "三星" 宽体喷气客机，美国最大的 C-5 "银河" 喷气运输机。20 世纪 80 年代，洛克希德公司创造出了当代最优秀的战斗机 F-22 "猛禽"。

▲ F-104 两倍声速战斗机

💻 新知词典

臭鼬工作室

每一个大型航空公司都有自己的开发部、秘密研发室，"臭鼬工作室" 无疑是洛克希德公司高级开发部中最有名气的一个。"臭鼬工作室" 始建于 1943 年，隐藏在美国加利福尼亚州伯班克洛的一片草原上，其车间一度在沃尔特·迪士尼公司的帮助下伪装成居民区。"臭鼬工作室" 以研制隐形飞机和侦察机闻名于世，大名鼎鼎的 F-117 隐形战斗机、绰号 "空中蛟龙" 的 U-2 侦察机以及 SR-71 "黑鸟" 高空战略侦察机都出自这里。

在建立之初，"臭鼬工作室" 就为美国空军生产了第一批实战型喷气式战斗机 X-P80。后来，该团队在高空侦察机和隐形战斗机研制方面取得了一系列辉煌的成就，但其工作重点还集中在洛克希德公司的航空部门，并将研发重点放在传统业务上，即为美国国防部生产先进战斗机原型和高度保密的航空器平台。2000 年，"臭鼬工作室" 与洛克希德公司位于佛罗里达州奥兰多的导弹和火控部门首次合作获得了 AGM-158（JASSM）项目合同，从而使公司成功进入了国际巡航导弹市场。在 2001 年，这一战略合作不但赢得了美国国防部的 F-35 的项目，也为公司带来了前所未有的丰厚回报。

随着洛克希德·马丁公司从以平台为中心业务向系统合成、IT 领域和传统业务相结合的新型国防企业转变，"臭鼬工作室" 的影响力也日益增加，作为核心竞争力，它使公司具备了竞投从平台到系统、从传统到以 "网络中心战" 为主的任何国防招标项目的能力。

波音航空公司

飞机的诞生彻底改变了人们的生活方式。世界各国都开始投入巨资成立航空公司，进行飞机研究。波音公司集各种资源于一身，不断在航空航天领域开拓进取，逐渐发展成全球航空航天业的领袖公司，成为世界上最大的民用和军用飞机制造商之一。

✈ 航空大鳄

波音公司是美国国家航空航天局的主要服务提供商，运营着航天飞机和国际空间站。此外，波音公司还在众多军用和民用航线上提供技术支持服务，其客户分布在全球九十多个国家和地区。仅就销售额而言，波音公司也是美国最大的出口商之一，为美国经济创造了巨大财富。

✈ 巨鳄的由来

波音公司成立于 1916 年 7 月 1 日，由威廉·爱德华·波音创建，1917 年改名为波音公司，1929 年又更名为联合飞机及空运公司。1934 年按政府法规要求，波音公司拆分成三个独立的公司：联合飞机公司（现为联合技术公司）、波音飞机公司、联合航空公司。1961 年原波音飞机公司改名为波音公司。

▲ B-17 军用轰炸机

▼ B-52 战略轰炸机

✈ 称霸军用飞机

波音公司在建立初期以生产军用飞机为主。20 世纪 30 年代中期，波音公司开始研制大型轰炸机。其主要机型包括二战期间著名的绰号为"空中堡垒"的 B-17、B-29 轰炸机，冷战时期的 B-47 轰炸机，以及绰号为"同温层堡垒"的 B-52 战略轰炸机。另外，鼎鼎大名的 KC-135 空中加油机以及绰号"望楼"的 E-3 预警机也是波音公司研制的机型。

▶ 波音 747

✈ 转战民用飞机

20 世纪 60 年代以后，波音公司的主要业务由军用飞机转向商用飞机。1957 年，波音公司在 KC-135 空中加油机的基础上，成功研制的波音 707 是其首架喷气式商用客机。此后，波音公司在喷气式商用飞机的研发上发展迅猛，先后研制出波音 727、波音 737、波音 747、波音 757、波音 767 等系列型号飞机。

麦道 DC-10 重型运输机

✈ 与麦道的合并

1997 年，波音公司对外宣布，原波音公司与原麦克唐纳·道格拉斯公司（简称麦道公司）完成合并，新的波音公司正式营运。麦道公司曾是美国最大的军用飞机生产商，著名的 F-4 "鬼怪"、F-15 "鹰"、C-17 "全球霸王 3" 军用运输机，以及 MD 系列商用飞机就产自该公司。

✈ 波音公司现状

现在的波音公司已经成为世界上航空航天领域规模最大的公司之一。其由四个主要的业务集团组成，它们分别是波音民用飞机集团，主要生产民用运输机；波音综合国防系统集团，主要生产军用飞机、导弹和运载火箭等产品；波音金融公司，主要提供资产融资和租赁服务；波音连接公司，主要为飞机提供空中双向互联网及电视服务。

 经典问答

美国航空航天局是什么机构？

美国航空航天局，又称美国国家航空和太空管理局(英文缩写NASA)，是美国联邦政府的一个行政机构，主要负责制定、实施美国的民用太空计划、开展航空科学和太空科学的研究。通过这个机构，很多人都实现了自己的飞天梦想。

美国航空航天局成立于1958年，其前身是美国国家航空咨询委员会。美国航空航天局从成立至今，负责了美国的所有太空探索任务，例如登月的阿波罗计划，太空实验室，以及之后的航天飞机。目前，美国航空航天局的航天计划还包括水星计划、双子星座计划、阿波罗计划、天空实验室、国家空间站、星座计划等。

三翼飞机

双翼飞机的成功让人们产生了错觉：飞机的机翼越多越好。因此，很多人不断地增加飞机机翼的数量，以期获得更好的飞行性能。三翼飞机便应运而生了。三翼飞机是一种极端的早期飞机，它可以获得更大的升力，但是随着质量的增加，载重量并没有相应增加。虽然三翼飞机并未取得成功，但它却也是人们在航空探索中的重要一步。

▲ 福克 Dr. I 三翼飞机作为最早的战斗飞机，曾经创下十分辉煌的空中战绩

✈ 大胆的设想

很多飞机先驱者认为，如果两套机翼是好的，那么多套机翼则更好。于是，为了获得更大的升力，早期的飞机工程师制造了有三对机翼的飞机，希望多出来的机翼能够提供更多的升力。不过他们的愿望落空了，因为三翼飞机自身的质量也增加了，所以它获得的升力并不比双翼飞机多。实践证明，机翼的最大实用数莫过于三。

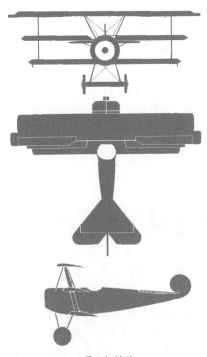

▲ 三翼飞机模型

✈ 机翼结构

三翼飞机采用了上、中、下三层机翼，这三层机翼仅靠左右各一根刚性支柱支撑，大大减少了飞行阻力。加上各层机翼的翼展自上而下逐层递减，更有利于改善机动性能和爬升性能。不论是在战斗中，还是在平时的飞行中，三翼飞机都有着不可比拟的优越性，因此，在产生之初，它很受各国军事专家的好评。

✈ "红色男爵"的座驾

在第一次世界大战（以下简称"一战"）中，较著名的三翼战斗机是福克工厂的福克 Dr.I。它是一种单座三翼飞机，于 1917 年春试飞成功，同年末装备于部队。翼展相对较窄的三层机翼飞机具有极佳的机动飞行性能，最适宜于与敌机进行近距离格斗，获得了许多艺高胆大的尖子飞行员的青睐。德国的王牌飞行员里希特霍芬驾驶的就是这种飞机，他将座机全部涂成红色，十分醒目，德军称他为"红色男爵"。

▲ 福克 Dr.I 三翼飞机是经典的三翼飞机，它的结构简单，动力充足，具有较好的机动性，但是随着时代的发展，它现在只能作为娱乐航空器使用

✈ 福克 Dr.I 三翼机

福克 Dr.I 的机头装有一台 81 千瓦的活塞发动机，最大速度可达 165 千米/时。发动机上半部盖有半圆形金属壳减阻罩，使机头阻力较气缸完全裸露的飞机要小一些。飞机的平尾呈三角形，而垂尾近似圆形，单座座舱设在机翼稍后的位置上，以便飞行员向上观察。机载武器为两挺机枪。这种飞机采用三层翼，看似比较笨重，但实际上机动灵活，转弯和爬升性能都很出色，可以说是"骆驼"战斗机的劲敌。

新知词典

"红色男爵"的三翼战斗机

福克 Dr.I 三翼机是 20 世纪最著名的三翼机。特别是在一战中，由于该机机身轻巧、升力大，具有很高的爬升率和机动性，在空中格斗中表现突出，因而在空战中被许多飞行员垂青。许多王牌飞行员都曾驾驶过这款战斗机，如绰号"红色男爵"的曼弗雷德·冯·里希特霍芬。

在一战中，里希特霍芬驾驶着那架使其得名的"红色男爵"大红色三翼战斗机席卷整个西线战场，他像一团熊熊燃烧的火焰，四处滚动，让敌国空军闻风丧胆，不寒而栗。在一战的空战中，里希特霍芬共击落 80 架飞机，战绩不仅位居德国飞行员之首，同时也位居一战中各国飞行员之首，这也使他成为人类空战史上最负盛名的"空中英雄"。

第一次世界大战中的飞艇

气球将人类带上天后，人们开始研究更加方便、效率更高的飞艇。从20世纪初期开始，飞艇技术出现了长足的进步，特别是在推动力方面，出现了使用价值更高的汽油发动机，使得飞艇的飞行速度和飞行距离都大大增加了。飞艇技术不仅在欧洲传播开来，甚至远渡重洋来到了美国和日本。到一战爆发时，欧美国家都有人研究飞艇，其中法国、德国和意大利的飞艇技术最为领先。

▲ 法国飞艇

✈ 沿袭传统的法国飞艇

人们最早研究的飞艇是软式飞艇，法国人继承了这个传统。在一战爆发前，它们就研制了若干型号的软式飞艇，使软式飞艇的技术得到了逐步完善。其中最先进的 Astra 型飞艇的容积达到了 14 000 平方米，每小时能飞行 64 千米。一战爆发后，法国就使用小型软式飞艇执行反潜巡逻任务，和德军作战。

✈ 改换方向的德国飞艇

德国虽然也拥有很好的软式飞艇技术，但是德国人却将精力放在了研发硬式飞艇上。这是因为作为运载工具，硬式飞艇有独特的优点：载重大，续航时间长。战争爆发后，德军的齐柏林飞艇频繁穿越战线执行轰炸和侦察任务。但是由于飞行高度很低，所以不断地被敌方炮火和飞机击落。为此，德军不断提高飞艇气囊容量，达到了惊人的 55 000 平方米，飞行高度也达到了 6 000 米。

▲ 第一次世界大战中的兴登堡号

✈ 另辟蹊径的意大利飞艇

在法国和德国的刺激下，意大利也开始了自己的飞艇事业。意大利人感兴趣的既不是软式飞艇，也不是硬式飞艇，而是介于两者之间的"半硬式"飞艇。这种飞艇是在软式飞艇的气囊底部沿纵向加装了一根龙骨，载荷部分就分布在龙骨上，这样既增强了飞艇的强度和刚度，又继承了两者的优点。

新知词典

飞艇技术的兴衰和复兴

　　一战结束后,德国虽然战败了,但是德国的齐柏林硬式飞艇却显示出极高的实用价值。它在完成重载远程运输任务方面,远远超过了当时的飞机。

　　战争结束后,英国、法国、日本等国瓜分了剩下的齐柏林飞艇。齐柏林硬式飞艇的技术也开始向这些国家转移。1924年,英国政府制定了新的飞艇发展计划,核心工作是制造两艘当时最大的硬式飞艇——R-100和R-101,它们的气囊容量达到了惊人的145 851平方米和141 603平方米,可搭载数百人,吊舱内甚至还有卧室、餐厅、散步走廊等。

　　美国制造飞艇比较晚,但是得到德国技术后,飞艇生产也开始大步前进。1928年,美国生产了两艘巨型硬式飞艇,比英国的R-100和R-101还要大,飞行速度也更快。

　　到了20世纪20年代末,以英美德硬式飞艇为代表的飞艇技术达到了全盛时期。就在人们沉浸在乐观中时,意外突然降临。1930年,R-101号从英国飞往印度,在飞至法国上空时,发生了爆炸,造成46人遇难,其中就有两名要员。美国紧步英国后尘,两艘巨型飞艇也相继失事。之后,各国不断有飞艇失事的事情发生。从此,飞艇开始走向衰落。

　　飞艇技术在沉寂了30多年后,开始迎来复兴。1972年,联邦德国召开了再造飞艇的国际会议。从1975年开始,美国每隔一年召开一次研究轻型航空器技术发展的国际会议。飞艇凭借自身技术积累和条件开始再度崛起,迎来了第二春。

▲ 飞艇创始人德国的齐柏林

✈ 齐柏林飞艇轰炸伦敦

　　战争爆发后,德国空军和海军都建立起了自己的齐柏林飞艇舰队,开始执行轰炸英国的任务,以图从空中摧毁英国的工业基地,打击英国的士气。1915年1月19日,德国飞艇开始轰炸英国本土。齐柏林飞艇从1 500米高空空袭了东英格兰。5月31日,德国飞艇首次空袭了伦敦,炸死7人,炸伤31人。10月20日,德国陆海军又有11艘飞艇去轰炸伦敦,但是其中3艘毁于风暴。

▼ 飞艇

螺旋桨飞机

要实现飞天梦想,首先要解决动力来源问题。人力飞机被证明实用性不大后,人们将目光转移到了螺旋桨飞机上,并取得巨大成功。直到现在,即使喷气式发动机大行其道,螺旋桨飞机仍广泛用于装有活塞式和涡轮螺旋桨发动机的亚声速飞机上。当然,直升机头上顶着的旋翼以及它的尾桨也属于螺旋桨。

✈ 不可或缺的桨叶

桨叶是螺旋桨的主要组成部分。简单地说,螺旋桨就是一类靠桨叶在空气中旋转,从而将发动机转动产生的功率转化为推进力或升力的装置。它由多个桨叶和中央的桨毂组成,桨叶好像一扭转的细长机翼安装在桨毂上,发动机轴与桨毂相连接并带动它旋转。

▲ 螺旋桨是飞机上非常重要的部件,它调节飞机前方气流,使飞机获得升力和前进的动力

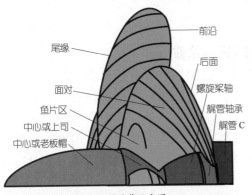

前沿
尾缘
后面
面对
螺旋桨轴
鱼片区
艉管轴承
中心或上司
艉管 C
中心或老板帽

▲ 螺旋桨示意图

✈ 螺旋桨外形

螺旋桨的桨叶没有处在一个平面内,而是互相叉开的,这样它才能提供流体动力。从飞机上的飞行员角度看,螺旋桨常以顺时针方向转动,这样才能获得动力。和单螺旋桨飞机相比,双螺旋桨飞机有更好的机动性能,安全性也更高,而且螺旋桨也不会阻挡飞行员视线。

探索之旅

螺旋桨之祖——竹蜻蜓

竹蜻蜓是中国古老的儿童玩具。竹蜻蜓的外形呈 T 字形,上部横的一片很像螺旋桨,当中有一个小孔,其中插一根笔直的竹棍,玩时用双手搓转这跟竹棍,竹蜻蜓便会旋转飞上天,当升力减弱时才落到地面。

据记载,公元 17 世纪,苏州有木匠叫徐正明,他心灵手巧,技艺高超,凡是他做的木器,人们都竞相购买。徐正明对街头小孩玩的竹蜻蜓非常着迷,看着一个个飞过小孩头顶的竹蜻蜓,他就想着制造一个大的竹蜻蜓,这个竹蜻蜓可以把人也带上天空。经过十多年的钻研,他真的造出了一个可以让人乘坐的竹蜻蜓。这个大号的"竹蜻蜓"桨叶很大,人坐在一把圈椅上,依靠脚踏板通过转动的木齿轮来带动螺旋桨转动。在试飞时候,它居然飞离地面一尺多高,还持续飞过一条小河沟,最后落下来。

后来,西方传教士将这种中国玩具传到欧洲,并将其称为"中国螺旋"。在 20 世纪 30 年代,德国人根据"中国螺旋"的形状和原理发明了令直升机上天的螺旋桨。

✈ 工作原理

　　螺旋桨是螺旋桨飞机非常重要的部件。当飞机飞行时，它可以通过调节飞机前方的气流，使飞机获得升力和前进的动力。在现代大型飞机中，螺旋桨还起着调整飞机飞行姿态的作用，以确保飞机更平稳、更快速、更安全地飞行。所以，螺旋桨对飞机的作用有时几乎就等于舵对船的作用。

▲ 飞机螺旋桨

✈ 广泛应用

　　螺旋桨并不是飞机所独有的一种装置，在其他领域，它同样用途广泛。比如，它可能会应用在船只上，甚至还会出现在潜艇等海底交通工具上。在一些大型建筑设施中，比如水电站，螺旋桨也起着十分重要的作用。此外，对螺旋桨的研究，也是航空科研领域的重要课题。

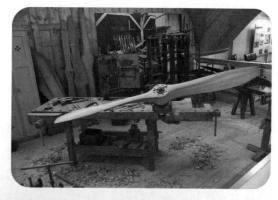

▲ 木制飞机螺旋桨

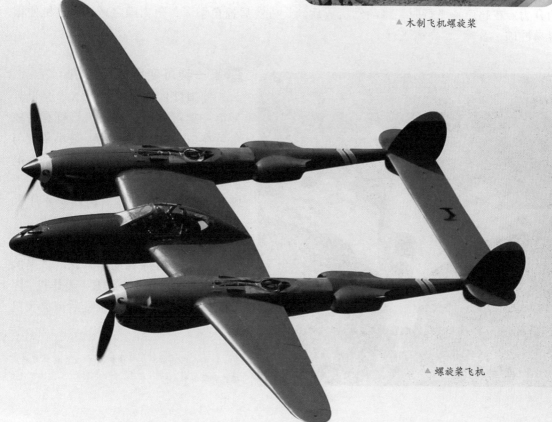

▲ 螺旋桨飞机

可变翼飞机

固定翼飞机取得成功后，人们想：如果在飞机原有性能的基础上，调整机翼的位置或大小，飞机也许会飞得更高更快。于是，可变翼飞机被发明了出来。可变翼飞机通过改变翼展来调节升力。不过，由于可变翼飞机的工艺复杂，可靠性低，机翼调节机构还会增加机体质量，所以现在这种飞机已经基本被淘汰了。

✈ 灵活改进

传统的机翼截面形状是上表面凸，下表面平直。这样可以使流过机翼上下的气流速度差增大，压力差也增大，升力也就增大。当飞机起飞时，速度较慢，需要较大的机翼面积提供升力。而飞机高速飞行时，速度较快，就不需要那么大的机翼面积了。可变机翼的飞机就是可以根据飞机的飞行速度来调节机翼面积，以减少高速飞行时的空气阻力。

✈ 可改变的机翼

人们从老鹰的飞行中受到启示，把机翼做成两个部分。机翼的一半与机身相连，不能转动，而另一半用转轴连接起来，可以转动，酷似一把折叠刀，可折可直。这样，飞机在起飞、降落以及亚声速飞行时，只要把活动机翼向前伸，机翼后掠角变小，就能获得较大的升力。在超声速飞行时，将活动机翼后斜，机翼后掠角增大，阻力随之减小，飞机便很容易冲破"音障"，高速飞行。

✈ 第一架可变后掠翼飞机

美国贝尔公司研制的 X-5 是世界上第一架可变后掠翼飞机。机翼后掠角可在 20°~60° 之间变换，最小角度与最大角度的变换总共需要 20 秒。在电动后掠装置失效后，飞行员可使用手闸完成变后掠翼工作。1951 年 6 月 20 日，X-5 在爱德华兹空军基地完成了首飞。在第九次试飞时，X-5 首次成功完成了空中变后掠翼动作。此后，美国先后研制出了 F-111 和 B-1 轰炸机。因此可以说，X-5 是美国可变后掠翼飞机的共同"祖先"。

◀ 这张合成的照片清楚地展示了 X-5 战斗机的后掠翼变动过程

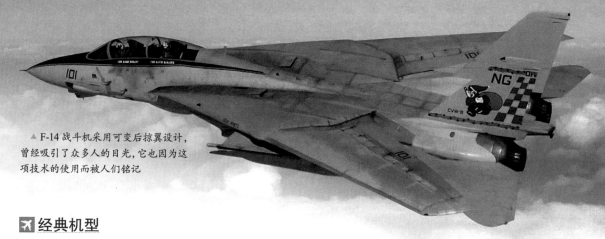

▲ F-14战斗机采用可变后掠翼设计，曾经吸引了众多人的目光，它也因为这项技术的使用而被人们铭记

✈ 经典机型

美国的 F-14 是 20 世纪 70—80 年代，根据美国海军舰队防空和护航的要求，由格鲁曼公司研制的双座超声速多用途舰载战斗机，用来替换海军的 F-4 战斗机。F-14 战斗机是可变翼飞机中的经典，其气动布局采用双发双垂尾变后掠中单翼方案。在结构上采用了先进的结构形式，大量使用钛合金，部分采用硼复合材料，获得了较高的强度质量比。该机是目前美国海军的主力机种。

✈ "末日奇迹"

最早的"可变斜翼"设计来自纳粹德国的"末日奇迹"。斜翼机左、右半翼连成一体，简化了机翼和机身的连接结构，具有结构简单、机翼强度高的特点，并且机翼斜置角调整过程中飞机重心不发生变化，截面更为光滑，波阻也比较小。飞机在起飞、着陆和低速飞行时，机翼处在平直位置，可以改善飞行性能。当飞机进入高速飞行时，一侧机翼前掠，另一侧机翼后掠，可以降低阻力，提高升阻比，增大航程。

▲ F-14 雄猫式战斗机

新知词典

AD-1 旋转翼飞机

外形奇特的 AD-1 旋转翼飞机诞生于 20 世纪 70 年代，这款融合了前卫概念和奇特造型的飞机已经有 30 多年的历史了。

AD-1 飞机的机翼可以围绕其中心枢纽进行旋转，飞机在缓慢飞行时机翼仍需与机身保持垂直，但高速飞行时机翼与机身的夹角可以达到 60°，这也是科学家所认定的最有利于飞机提高飞行速度的有效角度。通过风洞实验和分析得出的结果显示，安装"旋转翼"的超声速运输机的燃油效率可达传统运输机的两倍以上。因此这项技术多用在高性能的飞机上，比如 F-14、F-111 和 B-1 这几种类型的飞机都采用这种技术。

中国第一架喷气式飞机诞生

　　新中国成立初期，国防科技水平低下，很难自主研发生产喷气式战斗机。但是，中国人也有自己的飞天梦想，虽然暂时不能自主研发，仿制生产喷气式战斗机却是可以做到的。经过几年的准备和探索，终于在 1956 年 9 月 8 日，中国第一架喷气式飞机在沈阳诞生了。这一刻，中国人的飞天梦在自己的手中实现了。

▲ 雅克-18

✈ 航空工业局成立

　　1951 年 4 月 18 日，重工业部设立航空工业局，统一负责飞机的维修工作。航空工业局下属共 18 个工厂，职工近一万人。1951 年 12 月，周恩来总理亲自主持会议研究决定，要在 3~5 年的时间里试制成功苏制雅克-18 初级教练机，以及米格-15 喷气式歼击机。

✈ 改换仿制对象

　　1951 年 10 月，中国和苏联签订了技术援助协议，由苏联专家指导飞机仿制工作。由于苏联政府认为米格-15 喷气式歼击机已属于落后机型，即便是试制成功也将落后于时代，难以满足中国防空作战的需要，所以在 1954 年 10 月，苏联建议中国停止试制米格-15 歼击机，改为试制米格-17 歼击机。之后，中国专家听取了苏联方面的意见，改换了仿制对象。

✈ 梦想实现

　　1954 年底，中国第一批飞机及其发动机试制成功。两年以后的 1956 年 9 月 8 日，沈阳飞机厂试制成功了中国第一架喷气式歼击机歼-5，即米格-17 型，随后获批准批量生产。中国成为当时世界上少数几个能够批量生产喷气飞机的国家之一。

探索之旅

中国航空先驱徐舜寿

徐舜寿是中国著名飞机设计师，航空工业技术专家。徐舜寿出生在一个知识分子家庭，从小就受到熏陶，培养了坚毅、好学和进取的品质。

1933年，徐舜寿以优异的成绩考取了清华大学机械系航空工程组。毕业后，他到杭州笕桥飞机制造厂工作。抗日战争爆发后，笕桥被日本轰炸，徐舜寿立志要"航空救国"。于是，他到美国进修学习。1949年春天，徐舜寿携妻儿来到上海，后越过封锁线，辗转来到已经解放的北平。从此，徐舜寿将全部精力投身到中国航空工业的发展和建设中。

1956年8月，我国第一个飞机设计室在沈阳创建，徐舜寿任主任设计师。不到两年，徐舜寿的团队便成功研制出中国第一架喷气式歼击教练机——歼教-1，开创了我国自行设计飞机的先河。1956年9月8日，徐舜寿率领沈阳飞机厂的同事，成功试制出中国第一架喷气式歼击机——歼-5。

1961年，徐舜寿担任新成立的601所的副所长。他亲自组织并领导了米格-21飞机的消化摸透工作，为后来歼-8飞机设计成功打下了坚实的技术基础。1964年，徐舜寿被调往西安飞机设计研究所工作，为运-7飞机的研制做出了积极贡献。

徐舜寿还曾为"两弹一星"做出了重要贡献。他率领团队设计出了核爆炸试验用的取样器，对飞机投放氢弹进行了可行性研究，最终让中央下决心用飞机投放氢弹。

✈ 辉煌成就

歼-5由中国沈阳国营112厂（现为中航工业集团沈阳飞机工业公司）研制，是单座、单发、机头进气、后掠式、高亚声速喷气式战斗机，主要用于昼间截击，具有一定的对地攻击能力。1956年10月1日，第一批4架歼-5型歼击机，参加了国庆阅兵。在天安门城楼上检阅的毛主席，指着歼-5型飞机对外国朋友说："我们自己的飞机飞过去了。"1959年5月，由于转产新机型，歼-5飞机停产，至此总共生产了767架。

▼ 歼-5

空中客车航空公司

为了追求自己的航空梦想，欧洲人也成立了自己的航空公司。1970年德国、法国、西班牙与英国共同创立了欧洲民用航空飞机制造公司，隶属于欧洲最大的军火供应商欧洲宇航防务集团。比起波音公司，它可以算是飞机制造领域的小兄弟，但现在它已经发展成可和波音一争天下的行业翘楚。

✈ 创立初衷

20世纪60年代之前，美国的波音、麦道等航空公司，一直引领着世界航空制造业。虽然当时欧洲也有很多大型飞机制造商，但是它们之间由于存在着激烈的竞争，因而削弱了欧洲航空业的整体竞争力。于是在60年代中期，一场关于欧洲航空公司合作方法的试验性谈判开始了。几年后，空中客车航空公司成立了。

▲ 空客 A-310

✈ 波音的竞争对手

1967年9月，英国、法国和德国三国政府签署了一个谅解备忘录，开始进行空中客车 A-300 的研制工作，这是继协和飞机之后欧洲第二个主要的联合研制飞机计划。空中客车工业公司成立后，主要制造民用运输机，并逐步发展成为波音公司的主要竞争对手，双方几乎在全球范围内展开了面对面的订单争夺战。

▲ 空客 A-300

✈ 第一条生产线

空中客车的生产线是从空客 A-300 型号开始的，A-300 是世界上第一个双通道、双引擎的飞机，也是空客航空公司在法、德、英、荷兰和西班牙等国政府支持下，开发研制的双发宽体客机。它于1969年9月开始研发，1972年10月空客-300B1原型机首飞，1974年5月交付使用。

新知词典

麦克唐纳·道格拉斯公司

麦克唐纳·道格拉斯公司是美国一家制造飞机和导弹的大型公司。该公司的创始人是詹姆斯·史密斯·麦克唐纳和唐纳德·威尔士·道格拉斯。两人都毕业于麻省理工学院，也都曾在著名的马丁飞机公司工作过。共同的学习和工作经历，为他们后来的合作奠定了基础。

该公司在 1939 年由詹姆斯·麦克唐纳创办，称麦克唐纳飞机公司。1967 年兼并道格拉斯飞机公司后，改为麦克唐纳·道格拉斯公司。公司建立起初，其业务主要是轰炸机的设计，规模非常有限。到 20 世纪 50 年代初，由于接受国家军事部门的订货，生产了包括鬼怪式战斗机在内的军用机，这使公司获利颇丰。在公司合并后，由于实力增强，其业务范围也大幅扩大，20 世纪 60 年代中期以后，该公司除了生产军用和民用飞机、火箭与导弹外，还从事宇宙飞船电子系统设备、计算机数据处理设备、微波真空设备、太阳能及风力发电设备等多种经营。

✈ A-300 系列的亮点

空客 A-300 是第一架只需两位飞行员驾驶的宽体飞机，其与后续机型 A-310 的数位式驾驶舱，已成为世界航空业界的参考典范。空客 A-310 是第一架采用电子飞行仪表与驾驶舱中央电子飞行监视器的客机，它同时还有另一个创新，即使用了电子信号，以此取代以往由钢索操作的控制面。

✈ 先进的空客 A-380

空客 A-380 飞机融合了最新的技术和材料，采用了先进的设备系统和行业工艺，达到了最严格的国际适航审定要求。拥有 555 座的空客 A-380 是迄今为止建造的最先进、最宽敞和最高效的飞机，其在提高载客量的同时，乘客的个人空间也相对增大，这使航空公司可以更灵活地为乘客提供不同级别的舒适服务。空客 A-380 由于具有运送较多乘客的能力，所以可以在不增加航班次数的情况下缓解交通堵塞。同时该飞机还极大地削减了噪声和废气排放水平，将对环境的影响降至最低。

▼ 空客 A-380

联合航空制造集团公司

联合航空制造集团公司,简称OAK,是 2006 年由俄罗斯最主要的几家航空制造公司合并而成的超大型军工企业。该公司包括苏联时期著名的飞机设计局:米高扬设计局、苏霍伊设计局、伊尔库特科学生产集团、伊留申设计局、雅克夫列夫实验设计局以及图波列夫设计局等。该集团远期目标为到 2025 年产值达到两千五百亿美元,居全球市场第三位。

✈ 米高扬设计局

米高扬设计局,原称为 "米高扬-格列维奇设计局",是苏联时期也是今

天俄罗斯重要的飞机设计及制造商。1939 年 12 月 8 日,其由阿尔乔姆·米高扬和米哈伊尔·格列维奇建立,并以两人名字命名。该设计局以生产 "米格" 战斗机而闻名,"米格" 的名字正是取两位设计师米高扬和格列维奇姓氏的第一个字母。

◀ 阿尔乔姆·米高扬

▲ 米高扬设计局制造的米格-29A 战斗机

✈ 伊尔库特科学生产集团

伊尔库特科学生产集团成立于 2000 年,它联合了俄罗斯多家航空工业企业。该集团已发展成为一个集军用和民用飞机设计、研制、试验、生产、销售和售后服务为一体的现代化生产企业,具有计算机辅助设计和计算机辅助生产的能力,型号转换快,可以制造从单座战斗机到装多台发动机的军用运输机等多种机型。

◀ 1941 年苏德战争爆发后,为抵抗德军入侵及满足反攻德国的战争需求,伊尔库特飞机制造厂大量生产的伊尔-4 轰炸机

新知词典

苏霍伊设计局

苏霍伊设计局，全称苏霍伊飞机实验设计局，于1939年组建。首任总设计师是帕维尔·奥西波维奇·苏霍伊，现任总设计师是伊万洛夫。该设计局研制成功的著名机种有截击机苏-9、苏-15；歼击轰炸机苏-7、苏-17、苏-24、苏-30、苏-34；攻击机苏-25、苏-34；战斗机苏-27、苏-30、苏-33、苏-35、苏-37。这些军用飞机大部分曾在两次世界大战中表现优异。

▲ 苏-27

▲ 伊尔-18

✈ 雅科夫列夫实验设计局

雅科夫列夫实验设计局成立于1939年，第一任总设计师是 A. C. 雅科夫列夫。他曾是苏联的多面手设计师之一，因此这个设计局也研制过从跨声速战斗机到纵列旋翼直升机、垂直/短距起落舰载战斗机，以及各种各样的教练机、特技飞机和运输机等多种飞机。在苏联卫国战争中，大量使用的著名的雅克-1、雅克-3等战斗机就是该局设计制造的。

✈ 航空业萎靡不振

苏联解体后，俄罗斯航空制造业一直处于低迷状态，很多从事航空开发的科研单位停止了运营，而俄罗斯国内各飞机制造公司却在相互竞争，各自投入大量人力物力从事类似产品的研制，造成资源的巨大浪费。这导致的结果是，俄罗斯研制的飞机特别是民用飞机的市场竞争力没能得到较大提高，在国际市场所占的份额也不断萎缩。

✈ 伊留申设计局

伊留申设计局的前身是 1933 年成立的伊留申实验设计局，第一任总设计师是伊留申。一战结束后，该设计局重点设计和研制运输机。例如，曾经广泛使用过的伊尔-18和伊尔-62。1970 年，诺沃日洛夫接替伊留申成为总设计师，设计和制造了著名的伊尔-76 军民两用运输机和伊尔-86、伊尔-96 宽体客机等。

▼ 雅克-1

✈ 成立联合航空制造集团

2006 年 2 月 21 日，俄罗斯总统普京下令成立联合航空制造集团，集中伊尔库特、米格、苏霍伊、伊留申和图波列夫等飞机制造公司的所有股份，总裁由米格飞机制造公司总经理亚历山大·费多罗夫担任。同年 12 月，俄罗斯联邦副总理兼国防部长被董事会推选为董事会总裁。2016 年 12 月 5 日，瑞典斯德哥尔摩国际和平研究所发布了 2015 年度全球军工百强企业排行榜，11 家俄罗斯企业进入百强名单，联合航空制造集团公司排第 17 位。

描绘梦想，深入实践：航空知识篇

梦想不能脱离现实，只有深入实践才能走近梦想。在不断地实践和探索中，杰出人物描绘出了航空历史上最神圣的梦之蓝图：从神秘的飞机黑匣子到确定位置的飞机导航设备，再到处理空中突发危险，无一不体现出他们的敬业精神和奉献精神。经过他们的艰苦努力，航空科学技术得到迅猛发展，飞机性能也不断提高，中华民族的千年飞天梦想逐步得到了实现。让我们在现实中奋进，在实践中开创崭新的未来。

现代飞机

　　人类的飞天梦想实现后，人们开始追求更快更舒适的飞行体验。于是各种现代飞机应运而生。现代飞机是基于与"活塞式"飞机的区别而来的，现代飞机又称"喷气式"飞机，它与"活塞式"飞机最直观的区别主要在速度上，喷气式飞机要比活塞式飞机快得多。现代飞机不仅在设计和技术上有很大进步，而且也更贴近实际生活，因此现在的民航客机基本上都是现代飞机。

✈ 现代飞机的分类

　　飞机不仅广泛应用于民用运输和科学研究，而且还是现代军事里的重要武器，所以又分为民用飞机和军用飞机。民用飞机除客机和运输机以外，还有农业机、森林防护机、航测机、医疗救护机、游览机、公务机、体育机、试验研究机、气象机、特技表演机以及执法机等。

▲ 喷气式战斗机

✈ 喷气式技术的应用

　　随着喷气式发动机的问世和相关技术的发展，军用和民用飞机也走上了一个新台阶。新技术为现代战斗机带来脱胎换骨式的改变，不仅飞行速度更快、攻击能力更强，而且具备了一定的对雷达的隐身能力。航空工程师们则尝试在民用客机上使用喷气式发动机，以提高民用客机的飞行性能。

名人小传

一个电话改变命运

　　奥海因教授是喷气式飞机的创始人之一。二战后，奥海因来到了美国，为美国空军工作。1979年，奥海因转到佛罗里达大学做副教授。霍尔格伦是奥海因的学生，他非常优秀，得到了奥海因的注意和培养。他即将毕业的时候，奥海因问："你毕业之后有什么打算？"霍尔格伦还没有仔细考虑过这个问题。他是被空军送来的，毕业后将被送往空军基地。霍尔格伦知道在那里自己的人生没有任何指望。就在他思考的时候，奥海因说："到我的办公室来。"于是，霍尔格伦来到奥海因的办公室。奥海因坐在椅子上开始打电话。奥海因兴致勃勃地和电话另一头的人讨论他太太自制的糕点，霍尔格伦有点不知所措，只能呆呆地坐在那里。20多分钟后，奥海因和那人的谈话才进入主题，他说："我有一个学生，你应该雇用他。"原来，电话另一边是美国空军学院一名系主任，他知道奥海因的学生肯定非常优秀，于是就答应了。也就是这个电话改变了霍尔格伦的一生。后来，他成为了美空军技术学院的一名副院长。

▲ F-16 战隼战斗机

✈ 现代战斗机

喷气式战斗机是现代战斗机的主要类型，它动力强，可加载的武器质量大。随着导弹和电脑技术、制导技术、火控技术和雷达技术的发展，现在的战斗机已经带有独立的雷达、电子战设备，有近程、远程格斗用空空、空地、空舰导弹，并可携带多种常规弹药，甚至核弹药。

✈ 首架喷气式民航客机

喷气式发动机的诞生，为人们追求更快、更高的飞行目标提供了可靠的动力。1949 年，第一架喷气式民航客机——英国的"彗星"号——完成首次飞行。从此，人类航空史进入了喷气机时代。现今世界上绝大部分民航客机都已实现了喷气化。大型喷气式客机的速度约为 900 千米/时。

▲ 喷气式民航客机

▲ 军用运输机

✈ 民用货运飞机

货机通常专指用于商业飞行的民用货运飞机。货机在必要时可以恢复成旅客机或客货混用机，通常称为可转换飞机。军用运输机也是货机，但它与民用货机有明显的不同之处。民用货机与航线客机相似，它只能在指定的机场起飞和降落。

喷气式飞机

　　喷气式飞机是依靠燃料燃烧时产生的气体向后高速喷射所产生的反冲作用力推进而向前飞行的。这样飞机可以获得更大的推力,飞得更快。尤其是在空气稀薄的高空,喷气式发动机更有着螺旋桨发动机无法比拟的优势。在二战期间,交战各方打的最激烈的时刻,喷气式战机也飞上天空,加入了战争行列。

▲ 世界首架喷气式飞机 He-178

✈ 世界首架喷气式飞机

　　德国的冯·奥亨在 1937 年 9 月成功研发出喷气涡轮发动机。由于得到亨克尔飞机公司的支持,装有冯·奥亨研发的新式喷气涡轮发动机的 He-178 飞机于 1939 年 8 月 27 日首次试飞成功,成为世界上第一架喷气式飞机,被认为是最早的喷气式飞机。

✈ 早期喷气式战斗机

　　早期喷气式发动机耗费燃料特别多,因此并没有得到当时军事大国的大力支持。最早投入批量生产并装备部队的喷气式战斗机是英国的"流星"式战斗机,以及德国的梅塞施密特 Me-262 型战斗机,Me-262 型战斗机被认为是二战中最好的喷气式战斗机。

▼ Me-262

▲ 空中客车 A-340

✈ 喷气机时代

喷气式飞机一诞生，就接二连三地打破了活塞式飞机创造的飞行速度纪录。从此，人类航空史进入了喷气机时代。到今天，世界上绝大部分作战飞机和干线民航客机都已实现了喷气化。空中客车 A-340 采用 4 台喷气式发动机，不仅载客量大，而且航程远。

✈ 燃料与动力

不同的喷气发动机采用不同的燃料，军用喷气发动机大多采用化学燃料，这样在短时间里可以获得极大的推力，改变飞行速度或姿态。民用航空需要的推力要小得多，因此采用航空煤油作为发动机燃料，这样不仅节省燃料，而且安全。

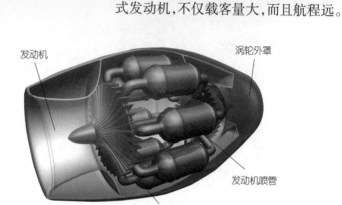

发动机　　涡轮外罩

发动机喷管

涡轮扇页

▲ 喷气式发动机

名人小传

德国飞机设计师亨克尔

亨克尔是德国著名的飞机设计师，喷气式飞机的发明人之一。1880 年，亨克尔在德国的格朗巴赫出生。他从小就对机械感兴趣，因此中学毕业后，他就进入斯图加特工艺学院学习。在那里，亨克尔学习到世界上最前沿的飞机设计与制造的知识。1911 年，亨克尔从斯图加特工艺学院毕业，开始了自己的飞机设计生涯。就在这一年，他试制出改进的法尔芒双翼机。一战爆发后，亨克尔开始担任欧洲几家飞机公司的工程师和技术顾问，在军用飞机设计方面声名更是闻名全欧洲。时间转眼就到了 1922 年，经验丰富、知识深厚的亨克尔组建了自己的飞机工厂，开始研制生产各种轰炸机、运输机和水上飞机，并以亨克尔名字的首字母 "He" 命名。几年后，亨克尔飞机公司生产的 He-51、He-111 等成为了德国空军的主力轰炸机。期间，他还和火箭专家布劳恩合作，研制出了火箭发动机等。

随着武器性能的进步，螺旋桨飞机在速度等方面已经显现出不足，于是亨克尔将精力放在研制喷气式飞机上。他找到了奥海因，奥海因是位燃气涡轮专家，从 1934 年起就开始研制涡轮发动机，但一直没有突破。亨克尔和奥海因一拍即合，马不停蹄地开始了研究工作。1939 年 8 月 27 日，两人心血的结晶 He-178 喷气式战斗机试飞成功，成为世界上第一架喷气式飞机。它标志着人类航空史上喷气飞行时代的到来。

二战结束后，德国工业遭到毁灭性的打击，亨克尔飞机公司也受到波及。直到 1955 年，亨克尔才重建了自己的飞机制造公司。三年后，他在德国的斯图加特逝世。

直升机

直升机是一种由一个或多个水平旋转的旋翼提供向上升力和推进力，而进行飞行的航空器。直升机可以垂直升降、悬停、小速度向前或向后飞行，这些特点使得直升机在很多其他飞机难以应用的场合大显身手。20世纪40年代，当世界上第一次出现了实用型直升机的同时，中国人也不甘落后，自行研制出了中国第一架直升机。

▲ 保罗·科尔尼

✈ 人类第一架直升机

1907年8月，法国人保罗·科尔尼研发出了"人类第一架直升机"，并在同年11月13日试飞成功。这架名为"飞行自行车"的直升机不仅靠自身动力离开地面0.3米，完成了垂直升空，而且还连续飞行了20秒，实现了自由飞行。这是人类历史上第一架直升机。

新知词典

中国自行研制的第一架直升机

近代的中国遭到外敌的侵略欺压，经济和工业水平极其落后。但就是在这样的局面下，中国人依然没有停止对飞机的研究，甚至成功制造出了中国第一架直升机。

中国第一架直升机诞生于1945年，是中国飞机制造业的先驱朱家仁先生设计的，也是中国自行研制的第一架直升机，朱家仁因此被称为"中国的直升机之父"。这是一架有共轴双旋翼的"蜂鸟"式甲型单座直升机，它仅比世界上第一种投入批生产的美国R-4直升机晚了四五年。几年后，朱家仁又设计制造出了性能更先进的"蜂鸟"乙型直升机，其性能甚至超过了国际上同类直升机。可惜因为战争原因，此后很长一段时期，飞机的发明和研究就被搁置了。

作为中国第一架直升机的设计师，朱家仁把一生都献给了航空事业。朱家仁出生在一个军人家庭，高中毕业后赴美留学，主攻航空技术。1926年，他从麻省理工学院航空系毕业后在美国呆了两年。这期间，他曾在大型飞机制造厂工作，积累了丰富的飞机制造经验。回国后，朱家仁参与了仿造法国飞机的研制工作且成功试飞。此后，他有了自主设计生产飞机的愿望，而且得到了国民政府的支持。而当时，国际上的诸多强国也才刚刚开始直升机的研制工作。就在先后设计制造出两架直升机以后，朱家仁就离开了祖国，被调往台中第三飞机制造厂任职，后迁居美国，直至去世。

✈ VS-300 直升机

1939 年，美国人伊戈尔·西科斯基设计制作的
VS-300 直升机被认为是第一架真正意义上的直升机。
这是一架单旋翼带尾桨式直升机，装有三片桨叶的旋
翼，尾部装有两片桨叶的尾桨，这种设计后来成为现
在最常见的直升机构型。VS-300 直升机是历史上第
一种成功的直升机，它初步具备了直升机的所有必需
构件，能够进行持续飞行。

▲ 桨叶的旋转产生的升
力使直升机得以飞行

✈ 旋翼与动力

直升机的旋翼高速旋转，在周
围的空气相互作用中，产生了向上
的升力，这就是直升机起飞的动
力。它主要是靠桨叶的旋转产生，
所以即使在半空中直升机的发动机
停止运转，飞行员仍旧可以通过特
殊的装置使桨叶保持转动，防止机
体快速下降。

▲ 米-12 直升机

✈ 世界最大的直升机

世界上最大的直升机是苏联于 20 世纪 60 年代研发生产的
米-12"信鸽"重型运输直升机。直升机的机内空间有限，
但是它的运载能力却不小。一些军用直升机能实现快速
机动性，不仅可以用来运输军用物资，还可以用来
进行兵员运输。

◀ 直升机

制造飞机的材料

　　早期飞机的材料相当简陋，甚至连帆布和金属条都可以出现在飞机身上。为了确保飞行的稳定和安全，人们对制造飞机的材料要求越来越高。新材料和新技术的相互结合，为现代飞机打造了更为轻巧和结实耐用的银色盔甲。中国研究新材料的时间比较短，但是中国人凭借着智慧和不屈的精神，不断在新材料领域开拓创新，为自己的飞行梦想添砖加瓦。

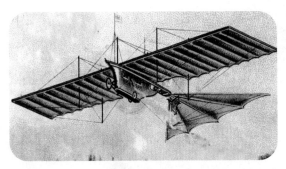

▲ 早期飞机

✈ 制作材料的发展

　　最早的飞机使用木料和帆布，这种飞机结构不稳定，只能进行低空低速飞行。后来人们采用更结实的材料，制造出飞行性能更好的飞机。现代飞机都用轻合金，这样既可以保证飞机的结构稳定，又有利于飞行。有一些飞机表面还有隔热层，避免高温灼烧。

✈ 超材料

　　超材料是指具有天然材料所不具备的超常物理性质，具有人工复合结构的复合材料。理论学家认为，超材料能够被用来制造各种各样的隐形装置，这些装置能使物体周围的光等电磁波 "绕道而行"，使物体变得不可见，从而达到很好的 "隐身" 效果。

探索之旅
中国航空材料

　　飞机在天空快速飞行，要承受巨大的摩擦力和冲击力，因此制造飞机的材料必定不是普通的材料，而必须是经过特殊的处理的材料，例如，复合材料、合金材料等。我国复合材料的研究其实并不算太晚，已经有30多年的历史了，而且具有一定的规模，也取得了相当的进步和成果。然而，我国复合材料的技术和国际先进水平相比还存在巨大的差距，落后几乎是全方位的，如我国最新研制的ARJ-21支线客机复合材料用量不足2%。因此，我国正在全力投入，努力追赶。

　　轻质合金材料是另一种新型材料，它具有诸多的优点，广泛应用于航天、航空及其他领域。然而由于美、俄等发达国家对我国实行禁售及技术保密，我国合金材料的研发水平一直不高。2010年，西安四超轻材料有限公司与西安交通大学合作，在西安航空基地建成了我国第一条镁锂合金生产线，研发生产的镁锂合金系列产品达到了国际领先水平，填补了国内空白。

▼ 铝合金

✈ 铝合金材料

　　以铝为基础的合金总称为铝合金。铝合金密度低，但强度比较高，接近或超过优质钢，塑性好，可加工成各种型材，具有优良的导电性、导热性和抗蚀性，在航空工业上应用十分广泛。在现代工业的其他领域，铝合金也同样大有用途。

✈ 复合材料

　　复合材料是以一种材料为基体，另一种材料为增强体组合而成的材料。由于复合材料热稳定性好、强度高，因此可用于制造飞机机翼、前机身、发动机壳体和航天飞机构件等。复合材料是人工合成的材料，只有那些符合要求的复合材料才可以应用在飞机上，大多数复合材料用在飞机的一些构件上。

飞机上用的玻璃

✈ 隔热和保温材料

　　飞机上用的是玻璃纤维隔声隔热层，安装在客舱衬里和机体蒙皮之间，贯穿整个客舱。隔声隔热层有防水涂层并且它们以搭叠形式配置安装，防止冷凝水渗入客舱。这个隔声隔热层我们平时叫它"玻璃棉"。

航空发动机

  人们常说麻雀虽小，五脏俱全。而作为最能体现当下高科技的航空器——飞机，其自身构造自然也就更加复杂了。航空发动机为飞机提供飞行动力，它是飞机性能的决定因素之一，因而被认为是飞机的心脏。中国的航空发动机起步虽然晚，但取得的成绩却举世瞩目，中国的太行发动机已经跻身世界先进行列。

✈ 活塞式航空发动机

  早期的飞机或直升机，多采用活塞式航空发动机。这种发动机主要用于带动螺旋桨或旋翼，大型活塞式航空发动机的功率一般可达 2 500 千瓦。目前，小功率的活塞式航空发动机仍广泛地用于轻型飞机、直升机以及超轻型飞机中。

早期的直升机多采用活塞式航空发动机

✈ 燃气涡轮发动机

  燃气涡轮发动机又称为喷气式发动机，它主要用于军用飞机，尤其是战斗机上。燃气涡轮发动机可以在短时间内提供巨大的能量，使飞机在非常短的时间里获得巨大动力，飞得更快、更高。它曾经是唯一一种能使飞机以超越声速的速度飞行的航空发动机。

◀ 燃气涡轮发动机

✈ 冲压发动机

冲压发动机是一种不能自行起动的发动机。其主要特点是无压气机和燃气涡轮，不过它具有构造简单、推力大等优点，特别适用于高速高空飞行。但由于不能自行启动，以及在低速飞行时性能欠佳，因而限制了它的应用范围，其一般应用在导弹等飞行器上。

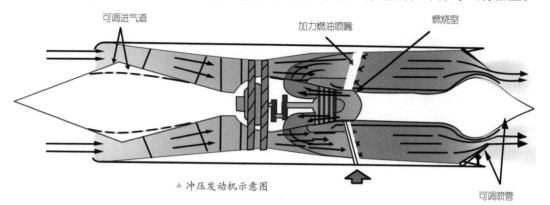

▲ 冲压发动机示意图

✈ 未来前景

目前，发展供超声速有人驾驶飞机、可进行跨大气层飞行的航空器和低成本且可重复使用，可适用于天地间往返运输的组合动力系统，以及一些新概念发动机、新能源发动机等，已经成为未来航空发动机研制的重要课题。

▲ UL-260i 航空发动机

 探索之旅

太行发动机

太行发动机是中国首个自主研发的高性能、大推力涡轮风扇发动机，它填补了国产先进涡轮风扇发动机的空白。太行发动机由中国航空研究院 606 所研制，前后经历了 18 个春秋，充满了不为人知的艰辛。

发动机对于飞机的重要性不言而喻。改革开放后的 1986 年，邓小平同志批示，同意发展涡扇发动机。于是，中国航空研究院 606 所与兄弟单位一起开始了"太行"发动机的研制工作。从 1987 年开始，在空军和国家部委的支持下，中国航空研究院 606 所经过 6 年的奋战，克服了诸多困难，完成了"太行"验证机阶段的研制工作。当时，中国航空研究院 606 所航空发动机试车台非常简陋，每次启动发动机，轰鸣的响声震耳欲聋，几千米以外都能听得到，工作人员只好用棉团塞住耳朵，但轰鸣声仍让人难以忍受。当年，经历过那种环境的试车人，有的患了心脏病，有的耳膜穿孔，但他们从来没有抱怨，仍然兢兢业业为我国航空发动机事业做贡献。

20 世纪 90 年代初，我国引进了一批先进飞机装备部队。为了验证"太行"的性能，1993 年，中国航空研究院 606 所申请了一架飞机作为飞行平台对"太行"进行试飞。经过几年的准备，1998 年，"太行"试飞一举成功，证明了"太行"发动机可与飞机相匹配，为胜利研制"太行"奠定了坚实基础。

进入新世纪，攻关人员没有丝毫的懈怠，仍旧一心扑在"太行"上，突破了数十项核心技术，攻克了200 多个重大技术难题。终于在 2005 年，通过可设计定型考核，"太行"为中国的航空动力事业，增添了一颗强健的"中国心"。

航空燃油

人体活动需要补充能量,飞机要飞行也要有足够能量补充,这就是航空燃油。航空燃油是指专门为飞行器而制造的燃油,其通常都含有不同的添加物以减低结冰和因高温而爆炸的风险。通常,给飞机加油时,运油车会将航空燃油运送到停泊的飞机或直升机旁加油。有一些机场设有加油站,飞机需要滑行到加油站加油,而一些大型机场则铺设有地下油管,连接到各个泊位下,飞机只须通过泵车加油。

✈ 航空燃料

目前,世界各航空公司所使用的航空燃料主要有两大类:航空汽油和喷气燃料。航空汽油主要用于活塞式航空发动机的飞机上,其蒸发性能好、易燃、性质稳定、结晶点低和不腐蚀发动机零件。喷气燃料,主要是在喷气式(涡喷、涡扇、涡桨、涡轴等燃气轮机)航空发动机上使用,由于国内外普遍生产和广泛使用的喷气燃料多属于煤油型,所以通常称之为航空煤油,简称航煤。航空煤油比汽油具有更大的热值,价格低,使用安全。

✈ 处理设备

不同的航空燃油处理设备有所不同。航空汽油的处理设备主要是航空活塞式发动机,喷气燃料的处理设备主要是涡轮喷气发动机。航空活塞式发动机与一般汽车发动机工作原理相同,只是功率大,自重轻一些,因而对航空汽油的质量要求和车用汽油就有类似之处。目前,这种发动机只用于一些辅助机种,如直升机、通讯机、气象机等,所以相应的航空汽油的用量也大大减少。随着航空工业和民航事业的发展,民航的大型客机的动力装置逐步被涡轮喷气发动机代替。这种发动机推动飞机向前飞行,通过把燃料燃烧转变为燃气产生推力,使用的燃料称为喷气燃料。

▼ 飞机加油站

✈ 加油方式

加油方式有翼上加油和翼下加油两种。翼上加油用于小型飞机、直升机和所有活塞发动机飞机上，打开一个或多个油箱再以传统油泵加油，与汽车加油相似。翼下加油，也被称为单点式加油，用于使用航空煤油的大型飞机上，由一条高压喉管连接加油口，再利用油泵泵进油箱内。由于只有一个加油点，油箱之间的燃油分配都由加油点控制面板控制或驾驶舱控制。

▲ 翼下加油

经典问答

如何辨别航空燃料？

给飞机加油，如果把航空汽油和航空煤油弄混淆会非常危险，会分辨航空汽油和航空煤油就显得极其重要。一般来说，在航空燃料的所有容器、车辆和喉管上都会清楚标明燃油种类，航空汽油会被染成红色、绿色或蓝色，加油喷嘴的直径为40毫米，且活塞发动机飞机的加油嘴则不得大于60毫米；航空煤油是无色的，而且加油喷嘴直径大于60毫米，不适合用于航空汽油的加油口。

✈ 重要的安全措施

飞机加油前要消除静电，否则可能会产生电弧并点燃燃油蒸气。因此，为了防止意外的发生，飞机必须连接导线到加油器具，在一些地区更加会要求飞机和加油车接地。另外，航空燃油会对环境构成极大的伤害，所有加油车辆都必须带有控制燃油泄漏的器材，而且任何加油作业都必须配备灭火筒，一旦航空燃油泄漏或发生火警，受过特别训练的机场消防队就会立即前往处理。

▼ 飞机地面加油

飞机黑匣子

　　黑匣子是飞机上装备的一种可用于记录飞机飞行状况的仪器。灾难事故发生后,飞机往往会遭到非常严重的损坏,从而给人们寻找事故发生的具体原因带来很多困难。这时,黑匣子一旦被找到,调查人员就可以利用它来寻找相关的数据,以揭开事故背后的真相。

▲ 黑匣子可以将飞行时飞机上发生的信息如实记录下来

✈ 黑匣子的真实身份

　　黑匣子实际上是"飞行数据记录仪"的俗名,是一种能将飞机飞行情况自动记录下来的仪器。当需要了解飞行中发生的情况时,可以通过重放设备把它播放出来。黑匣子可不是黑色的,而是醒目的橘黄色,这样方便救援人员寻找。至于为什么会叫它黑匣子,大概是因为,当人们需要找到它时,基本上总会有不幸发生的缘故吧。

✈ 特殊的本领

　　黑匣子能把飞机停止工作或失事坠毁前半小时的有关技术参数和驾驶舱内的声音记录下来,需要时把所记录的参数重新播放出来,供飞行实验、事故分析之用。世界上许多空难原因都是通过黑匣子找出来的,因此,它就成了事故的见证者之一。

▼ 作为一种事关飞行安全的航空电子设备,黑匣子能在各种飞机事故中保存其内部存储的信息

探索之旅

记录数据的黑匣子

虽然叫做黑匣子,但是它的外表并不是黑色的,而是醒目的橙色,表面还贴有反光标识,方便夜间搜寻。黑匣子里的数据必须通过专用的设备和软件才能够解读分析,而且存储的数据非常神秘和关键,再加上发生事故后被烧成了黑色,因此,人们给它起了"黑匣子"的名字。

"黑匣子"是墨尔本一名工程师在 1958 年发明的。早在 1908 年,美国发生了第一起军用飞机事故。此后,飞行事故不断发生,人们迫切需要一种能记录事故发生原因的仪器,于是"黑匣子"应运而生。

随着电子技术的发展,"黑匣子"的本领越来越强,甚至能记录两国飞机交战的情况。1987 年,正是冷战时期的顶峰,苏联和西方国家经常派飞机相互侦察。这一年的 9 月 13 日,挪威和苏联发生了"巴伦支海上空手术刀事件",挪威飞行员差点机毁人亡。不久后,挪威上空一架军用飞机发生爆炸,飞机坠毁,飞行员身亡。挪威当局赶到事故现场,从飞机残骸和飞行员的尸体中辨认出这是一架苏联的军用侦察机。于是,挪威向苏联提出抗议,但苏联矢口否认。后来,挪威找到了飞机上的黑匣子,从黑匣子记录的数据进行分析,揭露了真相,在铁的证据面前,苏联只好认错。

✈ 主要组成

黑匣子里的飞行数据记录器能将飞机的高度、速度、航向、爬升率、下降率、加速情况、耗油量、起落架放收、格林尼治时间,还有飞机系统工作状况和发动机工作参数等飞行参数都记录下来。它携带的舱声录音器,可以记录当时飞机上的各种通话。

✈ 自我保护能力

黑匣子具有极强的耐火、耐压、耐冲击、耐海水(或煤油)浸泡、耐磁干扰等能力,即便飞机已完全损坏,黑匣子里记录的数据也能完好保存。黑匣子上有定位信标,相当于无线电发射机,在事故发生后可以自动发射出特定频率信号,以便搜寻者寻找。

▲ 黑匣子位置示意图

超声速技术

自从人类实现飞行的梦想后，人类对于飞机探索、改进的脚步就一直没有停止过。随着科学技术的进步和人类认识水平的提高，许多新的科技成果都首先被用于军事，超声速技术就是其中之一。

✈ 什么是超声速

声速指的是声音在空气中传播的速度。声速会因为气温或气压的不同而有所差异。标准声速是声音在气温为15℃的海平面上的空气中传播的速度，为340米/秒，也就是大约1 224千米/时。超声速即超过340米/秒的速度。在航空上，通常用马赫数来表示飞行器飞行的速度。一倍声速叫1马赫，二倍声速就叫2马赫，超声速就是大于1马赫的飞行速度。

✈ 突破音障

在喷气式发动机技术成熟以前，声速就像一个巨大的屏障，阻碍飞机速度进一步提高。当飞机飞行速度接近声速时，周围空气的流动状态会发生变化，出现激波或其他效应，会使机身抖动、失控，甚至在空中解体，并且还会产生极大的阻力，这种现象被称为音障。为了进一步提高飞机的速度，必须突破音障。1947年10月，美国贝尔X-1火箭试验研究机在12 800米高空达到1 078千米/小时的速度，首次突破了音障，实现了超声速飞行。

▲ 贝尔X-1是第一架有人驾驶的超声速飞机，它证明了声速是可以超越的

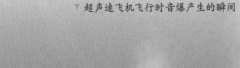

▼ 超声速飞机飞行时音爆产生的瞬间

探索之旅

中国第一架超声速无人驾驶飞机

自从 1969 年世界上第一款超声速客机首飞成功之后，吸引了全球航空迷的眼球。中国航空专家也加紧了研制超声速飞机的步伐。在经过许多年的艰难摸索之后，终于取得了辉煌的成就。1995 年 4 月 13 日，中国第一架超声速无人驾驶飞机试飞成功。

这架超声速无人机由空军某试验基地历时 4 年研制而成，在地面人员的遥控指挥下，这架飞机可以完成离陆、跃升、盘旋、超低空飞行等各类动作。

这架超声速无人驾驶飞机的研制成功，标志着中国无人驾驶飞机的研制已跨入世界先进行列，为中国新型航空武器的试验检测和部队的实弹打靶训练提供了崭新手段。

▶ 协和超声速运输机有一个尖顶三角翼和细长的机身

✈ 超声速飞机诞生

人们通过理论研究和一系列飞行实践，甚至付出了血的代价，终于掌握了超声速飞机飞行的规律。高速飞行研究的成果，首先被用于军事上，各国竞相研制超声速战斗机。1954 年，苏联的米格-19 和美国的 F-100 "超佩刀" 问世，这是两架最先服役的超声速战斗机。超声速飞机的机体结构，同亚声速飞机有相当不同：机翼必须薄得多，翼展（即机翼两端的距离）不能太大，而是趋向于较宽较短，翼弦增大。

✈ 超声速飞机的作战能力

超声速飞机既可实施侦察任务，也可执行攻击任务。这种飞机可以实行电子情报搜集等多种任务，尤其擅长于侦察视界外敌防空阵地情况，并且根据实时数据对迅速变化的战术情况进行评估。由于速度快，它可以在不到 4 小时内完成全球的作战任务。

✈ 辉煌前景

随着喷气式客机的逐渐成熟，飞机制造公司和设计师又把注意力放到超声速客机身上。由英法联合制造的 "协和" 号超声速飞机于 1969 年投入航线，开创了现代航空史上民用超声速飞机飞行的新纪元。其后，各国的顶尖飞机都开始尝试在空气中更快地飞行。最快的速度纪录由波音公司的样机 X-43 保持，飞行的马赫数为 9.8。

▼ X-43 试验机是目前有记录的飞得最快的航空器之一

隐身技术

　　自从雷达在二战中发明以来，在这面"照妖镜"之下，什么飞机都难逃其"法眼"，趾高气扬的飞机就变成任人宰割的"鱼肉"了。于是，拥有雷达看不见的作战飞机，成了各国空军和航空界孜孜以求的目标。从此，一场隐身技术的较量拉开了帷幕。

✈ 什么是隐身技术

　　隐身（也称"隐形"）技术就是通过多种途径，设法尽可能降低自己对外来电磁波、光波和红外线的反射，从而将自己隐蔽起来的技术。因为雷达和通信设备工作时会发出电磁波，飞机表面会反射电磁波，运转中的发动机和其他发热部件会辐射红外线，这样就很容易被敌人发现。所以，当前的研究重点是雷达隐身技术和红外隐身技术。简单来说，隐身就是使敌方的各种探测系统（如雷达等）发现不了远方的飞机，无法实施拦截和攻击。

✈ 隐身技术的起源

　　隐身技术的研究起源于20世纪60年代的 U-2 和 SR-71 间谍飞机，这些飞机主要靠自身机载电子干扰和对抗设备，或采用投掷金属干扰箔和黑色涂料隐蔽等手段保护自己。早在二战中，美国便开始使用隐身技术来减少飞机被敌方雷达发现的可能。

◀ 可以躲避雷达侦测的 F-117"夜鹰"战斗机

新知词典

海湾战争中的 F-117"夜鹰"

　　F-117"夜鹰"是美国空军的一种隐身攻击机，也是世界上第二款完全以隐形技术设计的飞机，由洛克希德公司设计生产。这架飞机是一件天才的杰作，其外形结构奇特，采用独特的多面体，并涂有吸波材料，可以使雷达波照射在机身上之后不再反射回去，从而达到"隐身"的效果。

　　在 1989 年美国入侵巴拿马时，F-117 第一次投入实战。在 1991 年海湾战争中，F-117 大显神威，充分体现了它的军事价值，引起全世界的瞩目。这次战争中，F-117 共出动了 127 架次。在大约 1 300 次任务、6 905 个飞行小时之中，F-117 成功摧毁了 1 600 个高价值目标，超过全部战略目标的 40%，而自身却无一损伤。

　　虽然 F-117 在历次空中攻击任务中表现突出，但也暴露了很大缺陷。比如，其速度相对较慢，空气动力性能欠佳，飞行不稳定等。2008 年 3 月 11 日，美国空军宣布，F-117 隐形战斗机将全部退役，这标志着世界上第一型实用化的隐形战斗机将退出历史舞台。同年 8 月，F-117 进行了它的最后一次飞行。

✈ 现代隐身技术

现代隐身技术是采用独特的外形设计和吸波、透波材料，以降低飞机对雷达波的反射；降低飞机发动机喷气的温度或采取隔热、散热措施，减弱红外辐射。现代隐身技术主要包括红外控制技术和雷达波吸收技术等。

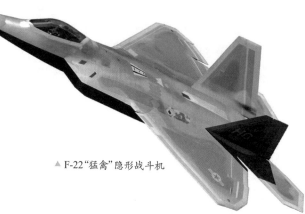

✈ 隐身飞机

美国的 F-117，B-2，F-22 等隐身飞机代表当今世界隐身兵器的先进水平。在第一次海湾战争中，参战的 44 架 F-117 隐身战斗机先后执行了 1 600 架次空袭任务，本身无一机损失，这一辉煌的战绩完全归功于隐身技术和隐身材料的使用。

▲ F-22"猛禽"隐形战斗机

▼ B-2 隐形轰炸机

✈ 反隐身技术

隐身技术的迅速发展对战略和战术防御系统提出了严峻挑战，迫使人们考虑如何摧毁隐身兵器并研究反隐身技术。隐身技术与反隐身技术的发展，是相互制约和相互促进的，无论哪一方有新的突破，都将引起另一方的重大变革。反隐身技术的发展方向是：综合运用，系统集成，开发新的反隐身技术理论。目前，反隐身技术主要以针对雷达为发展重点。

✈ 其他应用

目前，隐身技术不仅适用于飞机，还扩大到导弹、卫星、坦克、水面和水下舰艇、固定军事设备等方面。如著名的"阿利·伯克"级驱逐舰、"现代"级驱逐舰、"公爵"级护卫舰和"拉斐特"级护卫舰都采用了隐身技术。

▼ F-117 隐形战斗机模型

飞机上的通信设备

　　飞机在空中飞行时,都必须进行"空对空"和"空对地"的通信,以保障与航空各部门之间的正常联系,因此,任何一架飞机都必须装有航空无线电通信设备,只是设备类型和水平各有不同而已。在大型的军用飞机和客机上,一般都装备有"机内有线通信系统"。

✈ 航空通信

　　航空通信是航空部门之间利用电信设备进行联系,以传递飞机的飞行动态、空中交通管制指示、气象情报和航空运输业务信息等的一种飞行保障业务。早期的航空通信方式主要是电报,后来又出现电话、电传打字、传真、电视以及数据传输等多种方式。现代航空运输企业为了自身业务的需要,另建有旅客服务和客货运输等通信。

✈ 民航通信设备

　　民用飞机的通信系统,主要使用甚高频波段的调幅制电台。为了与远距离的空中交通管制点通信,或者是为了同远距离的业务点联系,有些民用飞机上还加装了短波电台。当然,这个系统也提供了飞机内部人员之间和他们与旅客之间的联络服务。它主要分为甚高频通信系统、高频通信系统、选择呼叫系统和音频系统。

▲ 雷达控制室

✈ 军航通信设备

通信设备也是现代军队中非常重要的设备，它甚至起到决定战争胜负的作用。军用飞机上装备有十分先进的电子通信设备，而且这些设备的工作频率和民用通信的工作频率是分开的，这样就减少了泄密和干扰的可能。按照"国际无线电频率管理委员会"的规定，军航通信设备的无线电频率主要安排在甚高频波段的（225~400）兆赫之内，级道间隔为25千赫，共7 000个频道。

▲ 战场通信影响战场指挥和战局的进展，因此保证军用电子通信的安全是首要任务。采用特殊加密技术，可以大幅度提高通信保密性

✈ 通信设备与其他设备的组合

现代的航空电子设备出现了组合化的大趋势。其中，最典型的是通信、导航和敌我识别设备的组合系统，这些设备由可编程序的、使用专用控制软件的信息系统控制单元来控制，并由任务计算机来统一管理这些设备的信息。

◀ 结合现代导航系统，装载先进电子设备的飞机将具有更好的通信性能，这样可以更及时地躲避危险，增加飞机飞行的安全性

新知词典

什么是飞航模式?

飞航模式就是我们平时所说的"飞行模式"。飞行模式，顾名思义是在乘飞机这种特殊情况下使用的手机模式，它关闭了手机的信号发射，而手机本身是开着的。之所以要使用飞行模式，是因为手机寻呼信号会干扰飞机上的电子设备。

后来出现的某些手机里自带"飞航模式"功能，乘坐飞机时可以不用关机，只要选择进入"飞行模式"，其通信功能就会处于"睡眠"状态，手机不会发送或接受任何无线电信号，因而不会对飞机的导航仪器产生任何干扰，而手机内置的其他功能，如数码相机、视频播放器、游戏以及记事本等功能则可以照常使用。虽然如此，但是需要特别注意的是，根据我国民航相关法律规定，乘坐民航班机必须全程保持关机，不得使用包括带飞航模式在内的任何手机和无线电收发装置。也就是说，虽然手机设计了"飞航模式"，但是在实际的旅客飞行过程中，仍然是不能使用的。而在全球范围内，绝大多数航空公司也有类似规定。

随着科学技术的发展、通信系统技术的不断提高，我们相信飞机将不再是信息孤岛。乘坐飞机的旅客再也不用关闭手机，可以像平时一样，与地面通话、收发短信，还可以自由上网、看电视。

飞机导航设备

当飞机在空中飞行时,低空可以靠飞行员自己控制,但如果是在高空,则需要进行导航,才能完成飞行任务。因此,飞机上都安装有导航系统,这些导航系统可以确定飞机的位置并引导飞机按预定的航线飞行。飞机导航设备既包括飞机上的设备,也包括地面上的设备。

▲ 塔台利用无线电为来往的飞机导航

✈ 导航设备

飞机导航设备是测定飞机的方位、距离、位置以及其他导航参数,用以引导飞机沿预定航线飞行、准时到达预定目的地和安全返航着陆的各种机载的、地面的以及人造地球卫星上设置的技术设备的总称,是保障航空兵部队全天候作战和准确、安全飞行的重要技术装备。在中国,机载的导航设备也称领航设备。

✈ 无线电导航

无线电导航是利用无线电技术测定导航参数,实现导航功能。导航和定位密切相关,连续定位实质上就是导航。无线电导航设备多数以协作式方式工作,少数以自备式方式工作,如多普勒导航系统和无线电高度表等。无线电导航设备适用于各种类型的飞机,可以全天候使用,工作可靠,也可以完成多种导航任务。但由于辐射电磁波信号,工作隐蔽性差,以协作式的方式工作的无线电导航设备还容易被干扰、破坏和被敌方利用。

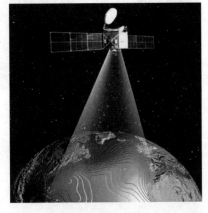

▲ 北斗卫星艺术想象图。在北斗卫星导航系统中,能使用无源时间测距技术为全球提供无线电卫星导航服务,同时也保留了试验系统中的有源时间测距技术

▼ AH-64"阿帕奇"是一种应用了多普勒导航系统的直升飞机

✈ 自备式导航设备

自备式导航设备是指仅靠安装在飞机上的导航设备即可自行测量和计算出各种导航参数,独立自主地实现导航功能,而无须依靠飞机外部设置的导航设备的协作和配合的导航设备,例如,惯性导航系统、天文导航设备、多普勒导航系统等。

经典问答

飞机飞行依靠什么来导航?

飞机的导航极为重要,随着科学技术的发展,出现了各种各样导航方法:仪表导航、红外线导航、全景雷达导航、电视导航等。

仪表导航是根据空速表、航向仪表和其他仪表来确定飞机位置的,其工作可靠,能连续工作,体积和质量也较小,但导航定位精度比较低;红外线导航是利用红外线辐射仪确定飞机位置的,容易受雨、雾等外界条件影响;全景雷达导航就是利用雷达确定飞机位置的,虽然不受气象条件限制,导航定位精度也较高,但是它要向外发射电波,易受干扰且隐蔽性差;而电视导航则是通过电视设备观察地面,然后将图像与地图进行比较,从而确定飞机位置的,虽然其定位精度高,但技术复杂、易受干扰,且极易受到能见度的影响。除了这几种导航方法,另外还有天文导航、无线电导航、多普勒导航、卫星导航、惯性导航、组合导航等。其中组合导航是针对各种导航方法的优缺点,根据不同的使用要求,把各种导航组合在一起,相互取长补短来策划导航方案,并最终确定飞机的位置。

目前飞机导航一般采用的是组合导航。由于惯性导航比起其他导航具有无可比拟的优点,所以组合导航大多是把惯性导航与其他导航方法组合在一起执行飞行任务。

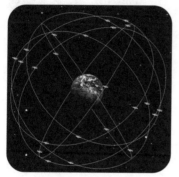

▲ 卫星导航系统分布图

✈ 协作式导航设备

协作式导航设备,需要通过飞机上安装的导航设备与飞机外部设置的导航设备之间配合和协作,才能够测定导航参数和实现导航功能。例如以地面台站为基点的塔康导航系统、罗兰导航系统、仪表着陆系统以及以人造地球卫星为基点的卫星导航系统等即属此类设备。

✈ 奥米加导航设备

奥米加导航设备是一种超远程双曲线无线电导航系统。其作用距离可达 1 万多千米。只要设置 8 个地面台,其工作区域就可覆盖全球。奥米加导航系统是全球范围的导航系统,定位精度为 1.6~3.2 千米,它由机上接收装置、显示器和地面发射台组成。

▶一个美国空军的塔康发射器

◀奥米加导航系统的分布范围极广,它有数个工作站,这些工作站使用设置相同的无线电信号,为大范围内的航空器提供导航服务

起飞准备

当我们轻松地坐在飞机上等待起飞时，正是航空公司该航班的工作人员最为繁忙的时刻，因为此时他们正为了飞机能准点起飞做着大量的准备工作。在飞机起飞前，要进行各种检查，以保证飞行能够安全地完成飞行任务。从开始准备飞行到起飞的整个过程，都是起飞准备阶段。

✈ 机组人员的准备

机长及全体机组人员在接到飞行任务后，要做一系列准备工作：飞机起飞前8小时之内，不饮酒，不食用易引起腹泻的食物，带好必要的有效证件如驾驶执照、护照等。在飞机起飞前1~2小时必须抵达机场，先到航管部门签到，再到签派室与签派人员仔细研究飞行计划、使用的航线、天气状况以及可能发生的问题等，同时做好一个备用计划。

▲ 飞行员做起飞前准备

✈ 飞机加油

给飞机加油是机场保障工作的重要组成部分，主要的加油方式是管道加油和加油车加油。管道加油就是将燃料经过一系列处理，经由管道直接加注到飞机的油箱中。加油车加油则是先将车装满油，再通过车将燃料运输到飞机旁边给飞机加油。

经典问答

起飞前机务员为何举"红色飘带"？

当飞机准备起飞，下面就会有两名机务员，一名扬手，另一名举起一根"红色飘带"。之后，飞机才开始慢慢向前滑行。这神秘的"红色飘带"是什么呢？为什么机务员要把它举起来，飞机才启动呢？

"红色飘带"其实称为"转弯销"。由于飞机转弯的动力是靠液压来提供的，而现代民航飞机一般为前三点式飞机，采用的前轮转弯系统。前轮转弯系统为闭环控制系统，在没有转弯信息输入时，转弯作动筒两边有固定计量的液压油，此时飞机的前轮处于中立位。如果不插转弯销，用外力强行使飞机转弯的话，会破坏飞机的结构。所以，在转弯系统中设置了一个旁通活门，当人工操纵旁通活门并插上转弯销，就可以使得旁通活门开始工作，将转弯系统的液压压力管路和回油管路接通(此时飞行员无法控制转弯系统)，以便飞机拖行等操作。举起"红色飘带"是为了警示飞机上的机务员，在飞机起飞前，要把销子拔出。不要小看转弯销，它的作用很大，既可以保护人员的安全，又可以保护飞机结构及牵引杆等设备的安全。

因此，保证飞行安全的第一步，"红色飘带"功不可没。

✈ 飞行前检查

飞机在起飞前，机长和维护人员需要负责确认飞机是否处于可实施安全飞行的状态，其中，包括对飞机机械、电气以及电子方面的检查。现代飞机上装有一个计算机系统，它会自动"诊断"飞机各个系统的状况以确保每个部件工作正常。当飞机的机械、电子或结构出现不适航状态时，应当中断该次飞行。经过前面这些工作，具有整机放飞资格证书的人员向飞行员交接飞机。这些严格仔细的把关工作，使得飞机飞行既舒适又安全。

✈ 乘客安检

乘客到安检通道，通道口有个安检柜台，需将机票的旅客联、登机牌、身份证交给安检员，安检员审核没问题会在登机牌上面盖章。随身携带的物品要从安检门旁边的 X 光安检机过去，乘客自己要从安检门通过。

▲ 乘客安检设备系统

✈ 海关检查

海关检查分为两个通道：红色通道和绿色通道。在出境的时候，如果自己的物品需要申报，就走红色通道，不需要申报就走绿色通道；在入境的时候，务必确认自己的物品中有没有超过免税范围的，没有超过的就走绿色通道，有超过的或者是在无法确认的情况下就走红色通道。

▼ 起飞准备就绪后，飞机就可以安全起飞了

起飞方式

　　随着航空技术的提高,飞机的质量越来越大,飞行速度也越来越高,这使得对起飞速度的要求大大提高。飞机的起飞是指飞机从起飞线开始滑跑到离开地面,爬升至安全高度为止的加速运动过程。飞机的起飞方式有许多种,例如陆地助跑起飞、垂直起飞和水上起飞。

▲ 飞机起飞

✈ 起飞原理

　　飞机起飞时,发动机带来的推力给予飞机一个很快向前运动的速度,使空气与飞机产生相对运动。空气流经机翼,由于机翼的流线体设计,机翼上、下表面形成压力差,从而产生向上的升力,它与飞机自身重力平衡,并且使飞机开始爬升。当然,在起飞的时候,飞行员也会有一个拉杆的动作,以此控制位于飞机尾部的水平升降舵。简单地说,就是增加飞机抬头的高度,使飞机能在较短的距离里离开地面。

✈ 拉进式起飞

　　螺旋桨飞机由于离地后剩余功率较小,起飞过程通常分为地面滑跑、离地、加速平飞和爬升至安全高度四个阶段。一般来说,螺旋桨飞机需要的跑道比较长,因此只能从陆地机场上起飞。此外,需要把螺旋桨布置在前面,如果布置在后面,起飞时,螺旋桨就容易碰到地面,所以一般以拉进式为主(拉进式即动力装置装在飞行器前部,由动力装置产生向后的拉力使飞行器飞行)。

▼ 体型较小的螺旋桨飞机只需要经过极短距离的加速,就可以离开跑道,飞向蓝天

✈ 垂直起降

垂直起降是指飞机不需要滑跑就可以起飞和着陆。这种飞机是由发动机暂时提供向上的推力来克服重力，使飞机发动机的喷口向下旋转，从而产生向上的推力来实现垂直起降的。垂直起降飞机产生升力的办法有三种：第一种是偏转主发动机的喷管，第二种是直接使用升力发动机提供升力，第三种是前两种办法的组合，同时使用升力发动机和主发动机。

▲ 美国的 V-22 运输机不需要滑跑

✈ 弹射起飞

弹射起飞就是在航空母舰上安装一个类似"大弹弓"的弹射器，把飞机弹上天空。一般来说，弹射器是由动力系统、往复车和导向滑轨等构成的。弹射起飞时，飞行员操纵飞机松开刹车，加大功率，同时在弹射器动力系统的强力作用下，使往复车拉着挂在飞机上的拖索，沿导向滑轨作加速运动，经过数十米的滑跑距离，达到升空速度从而实现起飞。

▼ 弹射起飞一般用在航空母舰上，起辅助战机起飞的作用。图中是一架正以弹射器起飞的 F/A-18 战斗机

新知词典

目前性能最好的垂直起降战斗机——F-35"闪电Ⅱ"战斗机

垂直起降战斗机不需要跑道，且可以垂直起降。虽然英国是垂直起降飞机的创始国，但是美国在这方面的技术已经超越了英国，并拥有目前世界上最先进的垂直起降技术。

F-35"闪电Ⅱ"是美国的第五代战斗机，也是目前世界上性能最好的垂直起降战斗机，由美国洛克希德·马丁公司设计生产。它有 3 种衍生型号：常规起降型 F-35A、短距/垂直起降型 F-35B 以及航母舰载型 F-35C，主要用于前线支援、目标轰炸、防空截击等多种任务。

F-35"闪电Ⅱ"最初源自美国联合攻击战斗机计划。该计划是 20 世纪最后一个重大的军用飞机研制和采购项目，也是全世界进行中的最庞大战斗机研发计划，设计的目的是为了替代过时的各种军机。

2006 年 12 月 15 日，第一架 F-35"闪电Ⅱ"空军版 F-35A，编号为 AA-1 的战斗机在德克萨斯州首飞成功，于 2016 年正式开始服役。

2013 年 6 月，美国新型 F-35 战斗机的制造商已向美国国防部保证，两年后，即 2015 年 F-35 战斗机将开始服役，垂直起飞的 F-35B 战斗机会在 2015 年后交付使用。该战斗机是隐形飞机，机身质量约 2.7 万千克，能够携带 6 000 千克武器。在垂直起飞模式下，F-35B 可携带武器的重量约为"鹞"式战斗机的两倍。如果计划实现，F-35B 将会成为最早服役的垂直起降 F-35 型战斗机。

▲ F-35"闪电Ⅱ"

飞行调度

　　在起飞之前,飞机要经过严格的检查,包括重要的结构件和燃料的检查,待确认无误后,再安排起飞时间和跑道。在通常情况下,飞机必须在指定时间起飞,如果因为意外情况拖延,就要移到机场其他地方等待,以避免影响后续航班的正点起降任务。

✈ 空中交通管制

　　如同车辆在地面行驶必须遵守交通规则一样,飞机在天上飞行也要遵守交通规则,也要受到专门机构的指挥与调度,这就是空中交通管制。空中交通管制利用通信、导航技术和监控手段对飞机飞行活动进行监视和控制,可以保证飞机的飞行安全和有序。

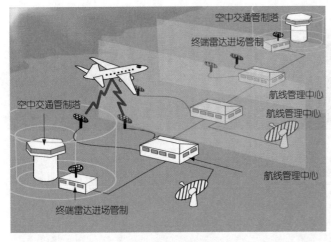

空中交通管制塔
终端雷达进场管制
空中交通管制塔
航线管理中心
航线管理中心
航线管理中心
终端雷达进场管制

 飞行系统管制

✈ 全程管制

　　飞机从起飞到降落,一直处在空中交通管制之下,受机场空域管制中心、沿途航路管制中心和终点机场空域管制中心的指挥与调度,严格按预定时间、航线、高度和速度飞行。为了维持飞行秩序,保证飞行安全,空中交通管制部门要划定航线,以防止各类飞机在空中相撞或与地面障碍物如山头、高楼等相撞的事故的发生。空中交通管制部门必要时也会提供有关迷航、遇险飞机的情报。

新知词典

飞机上的"黑色13分钟"

　　飞机起飞时6分钟和降落时7分钟,被称为"黑色13分钟"。因为起飞和降落是飞机最不稳定的时候,飞机的状态在短时间内剧烈变化,一旦出现其他干扰,飞行员很难在短时间内控制住飞机,航向、高度稍有偏差,就可能飞出安全保护区,与地面障碍物相撞或着陆失败,造成空难事故。

　　在这"黑色13分钟"内,是飞行员操纵飞机最为紧张繁忙,精力高度集中的阶段。也是乘客喜欢使用手机通话的时段,比如与亲友告别或与接机亲友如何联系等。

　　世界上超过一半的空难发生在这"黑色13分钟"内,最著名的"黑色13分钟"空难事件,是波兰前总统乘坐的飞机坠毁在俄罗斯境内。而我国统计资料显示,高达65%的空难也是发生在这段时间内。所以,在飞机最危险的13分钟里,乘客们必须要配合机组人员,以防止不幸事件的发生。

✈ 机场调度

机场调度的原则是降落优先于起飞。在此原则下，飞机按先后顺序排队。每架飞机需要等待的时间是从其提要求开始到分配跑道为止。每个跑道都有一个编号，都可以用来降落和起飞，但同一时间只能被一架飞机占用，占用的时间为该飞机降落或起飞占用跑道的时间。当要求降落的飞机数和要求起飞的飞机数都小于0时，表示机场关闭，不再接受新的请求，但余下没有降落或起飞的飞机需照常进行。

✈ 飞行调度

一般来说，飞行调度主要负责飞机到站和离站的通讯和安排。例如进行飞行员排班、训练和检查的安排，根据航班执行的情况调配备份飞行员。这些工作可以保证飞行员能够符合机组成员的合格要求以及值勤期限制、飞行时间限制和休息时间限制等。

◀ 飞行调度工作
是飞机起飞的保障

机场塔台

✈ 起飞调度

当飞机要从机场起飞时，机长必须在出发前5分钟的时间里向地面管制汇报飞机的情况，这样好让塔台有一个准备。之后，飞机会向地面管制提出出发申请，这时地面管制会向飞机颁发出发许可，包含飞行航线等信息，并向飞机指明该从哪条跑道起飞。接着，飞机发出滑行申请，在确认无误后，地面管制会向飞机发出滑行许可，这时飞机就可以滑行到起飞跑道。在获得起飞许可后，飞机就可以起飞了。

机　场

机场是飞机起飞和降落的专用场地,就好比是飞机的驿站。根据实际需要和用途的不同情况,机场可以选在不同的地方。一般民用机场选在大城市郊区,这样不仅可以利用城市的便利交通,同时产生的噪声也不会影响人们的生活。

▲ 霍夫国际机场

✈ 机场的组成

我们习惯于把机场称为飞机场,实际上它的正式名称是航空站,是专供飞机起降活动的场所。除了跑道之外,机场通常还设有塔台、停机坪、航空客运站、维修厂等设施,并提供机场管制、空中交通管制等其他服务。其中塔台是设置于机场的航空交通管制设施,用来监管以及控制飞机起降。

✈ 机场的基础设施

机场可分为"非禁区"和"禁区"(管制区)范围。非禁区范围包括停车场、公共交通车站、储油区和连外道路,而禁区范围包括所有飞机进入的地方,包括跑道、滑行道、停机坪和储油库。机场会在非禁区到禁区的中间范围做严格的控管。搭机乘客进入禁区范围时得必须经过航站楼,在那里可以购买机票、接受安全检查、托运或领取行李,以及透过登机门登机。

✈ 机场的分类

机场一般根据跑道的长度和机场范围以及相应的技术设施等来划分等级,跑道结构是主要依据。机场的等级不同,可起降的飞机机型不一样,承载能力也就不同。机场根据执行任务性质,可分为运输机场和通用机场。根据用途,机场还可分为民用机场和军用机场,军用机场一般只允许军用飞机的降落和起飞,而民用机场则允许任何类型飞机的起降。

▼ 停机坪是停放和维修飞机的场所

经典问答

你听过移山填海修建的关西国际机场吗?

关西国际机场是一个海上机场,也是日本围海造地工程的伟大杰作。机场位于日本大阪湾东南部的泉州海域离岸5千米的人工岛上,主要设计师是意大利建筑师伦佐·皮亚诺和日本建筑师冈部宪明,建设费用高达120亿美元。

1960年,关西地方的航空需求逐渐扩大,加上大阪周边用地吃紧,日本政府便决定以填海造地修建机场,并选中泉州近海为场址。经过5年庞大的造岛填土工程,工程所需的泥土取自于附近的两座山,共用了1.8亿立方米的土方,在原先水深达17~18米的大海里填出了5.11平方千米的机场用地。

1994年1月,工程尚未完成验收前,神户地区发生里式7.2级大地震,震中距离机场仅有30千米。结果,虽然机场用地周围部分地分因地震而局部下陷,但是航站建筑本身,包括结构与外表全然不受损害。同年夏季,机场正式投入使用,整个机场酷似一个绿色的峡谷,一侧为陆地,一侧为海洋。机场有一条3 500米长的跑道,主候机楼长达1.8千米,采用玻璃和金属的高技派风格,被誉为全球最长的房间。机场高速铁路可以把乘客直接从机场送到大阪市内,距离大阪市中心只需1小时的车程。机场刚建成时,引来建筑界和工程界无数赞誉,美国土木工程师协会甚至称其为"新世纪的丰碑"。

▲ 在机场经过休整后,飞机又开始飞向蓝天

✈ 机场的作用

机场是航空设施中的一个重要组成部分,是飞机起降、停驻、维护的场所。机场的演变过程反映着民航事业的发展过程。场道的使用面积和各种飞行保障设施决定了使用飞机的大小、运载重量和飞行速度;净空标准和场道范围影响飞行安全。

✈ 北京首都国际机场

北京首都国际机场简称首都机场,机场距离天安门广场25.35千米,是中国地理位置最重要、规模最大、设备最齐全、运输生产最繁忙的大型国际航空港。机场拥有三座航站楼,两条4E级跑道、一条4F级跑道以及旅客、货物处理设施。

▼ 北京首都国际机场3号航站楼E区

重要的跑道

　　跑道是机场上长条形的地面，是供飞机起飞时加速和着陆时减速滑跑用的带状地面，是航空港的组成部分之一。跑道并不像高速公路，而是特制的铺筑面，运输机用的跑道大多设有铺筑面。跑道的方向主要是根据当地风的恒风向和附近障碍物的位置确定的。

▲ 跑道并不像高速公路，而是特制的铺筑面，供沉重的飞机起飞和降落

✈ 跑道的命名

　　大型机场通常有多条跑道，这些跑道会根据它们的磁方位角而被命名，其磁方位角同时指明了该跑道的使用方向，即使用该跑道时航空器的运动方向。命名的原则是取跑道磁方位角的前两位数，因此不同方向的跑道可能同名。

✈ 跑道长度

　　跑道长度在一定程度上决定着可起降飞机的大小和类型，当然跑道道面的强度、跑道宽度和机场海拔高度对此也有影响。一般来说，机型越大，起降所需的跑道长度也就越长。全球最长的民用机场跑道在中国西藏昌都邦达机场，道面长度5500米，其中的4200米满足4D标准，同时它也是海拔最高的跑道，其海拔高度为4334米。

▼ 跑道

新知词典

世界最惊险机场跑道——茱莉安娜公主机场跑道

　　茱莉安娜公主国际机场是一个位于加勒比海圣马丁岛荷属部分的国际机场,机场命名来自荷兰当时的皇位接班人茱莉安娜公主。茱莉安娜公主机场是东加勒比海地区第三大繁忙的机场,繁忙程度仅次于圣胡安国际机场。仅2005年,机场就接待了166万多名旅客。

　　此机场的最大特色就是其只有2 301米长的跑道,但大型客机仍可安全降落。正因为其跑道太短的关系,所以飞机在降落时需要飞得极低。当飞机在到达机场附近的玛侯海滩时,离海滩高度仅不到20米。飞机降落时,会从晒日光浴的游客头上仅仅几米的高度掠过。正因为这一特色,这里成为了不少飞机爱好者拍摄飞机降落的胜地。由于游人很多,玛侯海滩竖立了提示游人注意飞机降落时所带来的气流的警告牌。值得一提的是,所有飞机是禁止从27号跑道降落的,原因是27号跑道后方有巨大的山峰且落差很大,距离跑道又比较近,会对降落中的飞机构成危险。因此,目前只有荷兰航空、法国航空以及蓝色海岸航空的航班在此降落。

✈ 跑道标志

　　跑道上有各式的标志和记号。国际民航组织规定,跑道的标志必须是白色的,而对于浅颜色跑道,可通过加黑边的方式来改善显示效果。这些标志通常包括跑道名称、跑道中心线、跑道入口、着陆点、接地区以及跑道边界线等。

✈ 跑道灯光

　　从降落的飞机看,跑道以一排绿色的跑道入口灯开始,在末端以一排红色跑道端末灯结束。跑道的两旁边缘设有白色的边界灯、蓝色的滑行道灯。中线有中心线灯,通常亦是白色,但也有在跑道的后段用黄、白灯间隔,最后段是全黄灯,用以指示跑道尽头。跑道附近还装有醒目的高压灯,这样即使在夜间,飞机也可以安全停靠在指定的跑道上。

▼ 跑道上的灯光

飞行高度

在稳定晴朗的平流层里，飞机可以轻松地飞行。在起飞后，飞机会很快根据自身的需要调整飞行的高度。另外，不同种类的飞机，其起飞时高度的变化、在高空平稳飞行时的高度以及降落时的高度变化都会有所不同。有的飞机可以飞得很高，而有的则只能在低空飞行。为了避免不同航空器在飞行中相互碰撞或者与地面障碍物相撞，国际航空组织和各个国家为不同种类的航空器制定了不同的飞行高度。

✈ 飞机的起飞

飞机由地面向空中飞行的阶段，即从起飞开始滑跑到离开地面，爬升至安全高度为止的加速运动过程。飞机从地面滑跑到离地升空，是由于升力不断增大，直到大于飞机重力的结果。而只有当飞机速度增大到一定值时，才可能产生足以支持飞机重力的升力。所以，飞机的起飞是一个速度不断增加的加速过程。

▲ 民航客机在起飞后，会在较短时间里升入高空，这样可以避免和地面物体或往来飞机相撞，增加飞行的安全性，而且高空气流比较稳定，相对来说更加安全

经典问答

你知道空中防撞系统吗？

如今，各大城市都有自己的机场，每天都有成千上万架飞机在天上飞行，很有可能发生碰撞。为了防范此类事故的发生，人们设计出了空中防撞系统。空中防撞系统是安装于中大型飞机的一组电脑系统，能显示邻近飞机与自己飞机的间距与航向。如果飞机与别架飞机的距离或航向有相撞的危险，空中防撞系统就会用声音和显示警告飞行员，并用语音指示规避撞击的动作。当然，别架飞机也会发出同样的警告。但是如果两架飞机采取的指示不同，仍有可能发生碰撞。例如，2002年，两架飞机在德国南部上空发生了碰撞。其实，两架飞机都收到了空中防撞系统的警告，但是因为有一架飞机没有遵从空中防撞系统的指示，而是听从了航空管制的指示，从而导致两架飞机在空中相撞，造成重大死伤。

机型不同的飞机飞行
高度也会不同

✈ 普通客机的飞行高度

天上飞的航空器和地上跑的汽车一样，也有自己的"交通规则"。机型不同，航行高度也不同。3 000 米以下一般是小型飞机的活动范围；3 000 米以上则是大中型飞机的活动范围。短航线的飞机一般在 6 000~9 600 米飞行，长航线的飞机一般在 8 000~12 600 米飞行。普通民航客机最高飞行高度不会超过 12 600 米，大约在平流层的底部，是一个比较安全的飞行区域。另外，有一些公务机的飞行高度可以达到 15 000 米。民航飞机在飞行时，以正南、正北的方向为零度界限，凡航向偏右（偏东）的飞机飞双数高层，即为 8 000 米、10 000 米、12 000 米高度层；凡航向偏左（偏西）的飞机飞单数高度层，即 7 000 米、9 000 米、11 000 米高度层。这样，相向飞行的飞机不在同一高空，从而能够有效地避免相撞事故的发生。

✈ 低空飞行

飞机的低空飞行是指飞机在 100~1 000 米以下的空中飞行，超低空飞行则指飞机在 10~100 米高度飞行。一般来说，能够进行超低空飞行的飞机只限于少数几种。飞机在降落以前，也会进行一小段时间的超低空飞行。另外，直升机的飞行高度一般低于客机的飞行高度。

✈ 驾驶飞机的宇航员

X-15A 试验机是为美国空军研制的。1961 年 3 月 30 日，美国航空航天局的试飞员约瑟夫·沃尔克驾驶该机飞到了 51 695 米的高度，1962 年 4 月 30 日飞到了 75 195 米的高度，7 月 17 日，他又飞到了 95 936 米的高度，被世界航空组织正式批准为世界绝对纪录。1963 年 8 月 22 日，他在爱德华空军基地上空，再次飞到了 108 000 米的高度。由此，约瑟夫·沃尔克成为世界第一位"驾驶飞机的宇航员"。

▲ X-15A 高空飞机飞行试验小组，左边第一位是约瑟夫·沃克尔

空中危险处理

当飞机在飞行过程中遇到一些突发问题时,就需要飞行员手动驾驶进行处理。面对突然而至的恶劣天气,飞行员可以及时申请改变着陆机场,以避过危险。在遇到紧急情况时,飞机可以就近选择停落的机场,机场不得拒绝非本国或本公司客机的紧急着陆。

✈ 飞行员应急处理

如果飞机发生火灾,机上人员因伤、病有生命危险,如果发生飞机迷航或燃料用尽,天气条件突然变坏等意外情况时,飞行员应利用机上设备迅速地进行检测或判断,确定问题的严重程度,及时采取适当措施使潜在危险减至最小程度。因为飞机不可能像汽车或是火车那样中途停下来进行修理,所以飞行员的应急处理能力显得尤为重要。

▲ 飞机的飞行高度高达万米,空气稀薄,温度很低。如果飞机在这种环境发生故障,人是很难在这种环境下存活的

✈ 恶劣天气

一般情况下,飞行事故大多是由于恶劣天气造成的,主要包括恶劣的能见度,雷雨、冰雹和积雨云,飞机积冰,颠簸和急流以及低空风切变等。其中,恶劣的能见度所造成的飞行事故最多;其次是雷雨、冰雹和积雨云等。可以说,这两项几乎是飞行事故的罪魁祸首。飞机如果在飞行途中遇上冰雪天气,就需要打开除冰系统,从而保证飞机安全飞行。如果目的地机场的跑道因为积雪或是结冰达不到起降要求而关闭,那么飞机就需要备降到其他机场。

雷暴

飓风

下沉空气

背景风

▲ 飞机受天气影响示意图

经典问答

飞机是怎样改变飞行姿态的?

飞机在飞行时,会遇到很多影响航行的因素,为了使飞机正常飞行,必须人为控制或改变飞机的飞行姿态。为了完成这一工作,必须要靠机翼和尾翼相互配合,它们上面都有一些可以活动的部分。

机翼后缘外侧都有一块小翼,叫做"副翼"。副翼通过传动机构与驾驶舱内的驾驶杆相连,飞行员向左、右压驾驶杆,使飞机向左或向右滚转。尾翼上有一小块可以活动的翼片,叫做"舵"。舵可以左右转动,帮助飞机改变航向、下俯或上仰。

副翼和舵合在一起称为飞机的操纵面。飞行员利用驾驶杆和脚蹬舵,就可以方便自如地改变飞机的飞行姿态,上升、下降、转弯,还可以做出翻筋斗、横滚等复杂的特技动作来。

机翼前、后缘内侧还有各种襟翼,用以改变升力分布。后缘襟翼可以向后滑动,伸出机翼后缘。这时机翼面积增大,升力也随之增大,可以确保飞机顺利起飞和降落。另外。襟翼向上翻时,还能当作一堵挡风墙,产生很大阻力,帮助飞机减速。

✈ 救生设施

由于飞机是在天空中飞行,一旦出现了什么故障,往往可能导致机毁人亡。因此,飞机上有一系列应对突发事故的安全救生设施,以确保能将事故的损失降低到最小的程度。现代民航客机上的救生设施一般多用于紧急迫降情况,这些设施包括应急出口、应急滑梯、救生衣、灭火设备以及应急供氧等。

▲ 灭火设备

✈ 飞机迫降

飞机因意外情况不能继续飞行而在机场或机场以外的地面或水面上进行的有意识的紧急降落称为迫降。在机场内着陆时,若起落架不能自动放下,则用手控放下;如手动无效,则用机腹擦地着陆。为防止火灾,在机场跑道上洒以泡沫灭火剂。迫降时,机场上空不允许其他飞机飞行,消防车、救护车和各种应急车辆应立即驶至飞机将要迫降的地点。迫降对落点环境及飞行器的性能要求很高,因此存在着较大的风险,经常有可能造成机毁人亡。

▼ 在有意外发生时,飞机
往往会进行紧急降落

飞行航线和航班

　　飞机飞行的路线称为空中交通线,简称航线。在很多城市之间存在着航线,但是飞行航线的数量并不是无限多的,这就和陆地上的高速公路一样。为了保证飞行的安全,一条固定航线的制定需要做大量的考察和探测工作,才能确定。同样地,飞机也不是想什么时候飞就能什么时候飞的,它有特定的飞行时期,称之为航班。正因为航班的存在,人们才能有条不紊地乘坐飞机出行。

✈ 航线

　　飞机航线的确定除了安全因素外,还取决于经济效益和社会效益的大小。航线按起讫点的归属不同分为国际航线和国内航线。一般情况下,航线安排以大城市为中心,在大城市之间建立干线航线,同时辅以支线航线,由大城市辐射至周围小城市。在我国,首都到各省会城市或省会城市之间的航线是干线,支线则是指一个省或自治区内各城市之间的航线。

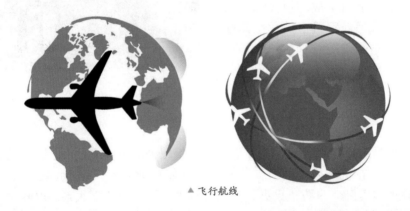

▲ 飞行航线

经典问答

机场为什么无法接收备降航班?

　　夏冬季节,天气变化无常,很多飞机都无法在目标机场降落。因此飞机会选择备用降落的机场,这个就称为备降机场,而这种行为则称为备降。一般来说,为了确保飞行安全,飞机起飞前就会确定本次航班的备降机场。如果飞机起飞后不久就需要备降,多数情况会返回起飞机场。当飞机完成一半以上飞行时,备降则会选择距离较近、符合条件的某个机场。备降机场的选择需要确认是否有跑道满足该型飞机的起降要求、是否具有为该机型加油的设备、机场消防等级和机场净空情况等类似条件。

　　有一些机场本身容量小,无法接纳大量航班备降,这也是客观原因。除了这些,部分机场不肯接收备降航班,也有主观上的畏难情绪。首先,备降航班一般是长时间延误的航班,旅客情绪较为激动,容易发生和航空公司的冲突,破坏机场设施。同时,机场的设施、设备等都需要额外进行保障,但又不能对此征收高额费用,因此造成机场接收备降航班的积极性不高。

◀ 飞行航线一旦确定，飞机就必须遵循航线飞行

✈ 航线的确定

飞机的航线不仅要确定飞机飞行的具体方向、起讫点和经停点，而且还要根据空中交通管制的需要，规定航线的宽度和飞行高度，以维护空中交通秩序，保证飞机的飞行安全。在实际的探测航线中则需要考虑到很多因素，例如一定要在晴好的天气中进行，还要考虑到当时的风向、风速以及气流等重要因素。另外，在探测航线中还有可能会遇到飞机颠簸等困难。

✈ 航班

航班指飞机由始发站按规定的航线起飞，经过经停站至终点站或不经停站直达终点站的运输飞行。为方便运输和旅客对时，每个航班均编有航班号。中国国际航班的航班号是由执行该航班任务的航空公司的二字代码和 3 位阿拉伯数字组成的。其中最后一位数字为奇数者，表示由基地出发的去程航班；最后一个数字为偶数者，表示返回基地的回程航班。

▲ 国际航班号的编排是由航空公司代码加 3 位数字组成的。第一位数字表示航空公司，后两位是航班序号，单数为去程，双数为回程

▲ 网络上的航班时刻表

✈ 航班时刻表

为方便运输和旅客对时，各大航空公司将航线、航班及其班期和时刻等信息，按一定规律汇编成册，形成常见的航班时刻表，内容包括：始发站名称、航班号、终点站名称、起飞时刻、到达时刻、机型、座舱等级和服务内容等。有时，航空公司还会根据飞行季节的不同以及客流的流量、流向等规律，调整航班时刻表。需要注意的是，因为时间采用的是 24 小时全时制，所以没有上、下午之分，在有时差的地区，表上的时间都是指当地的时间。

机票购买

　　乘坐飞机是现在人们选择出行的一种方式,机票就是人们乘坐飞机的凭证。机票的全称是"客票和行李票",它是旅客与航空公司之间订立的"运输契约",也是各航空公司之间相互结算的凭证。机票实行实名制原则,即购票人需要向航空公司或代理点提供乘机人的真实姓名和身份证号码、护照号码或者港澳台通行证号码,并出示相关证件,才能订到机票。

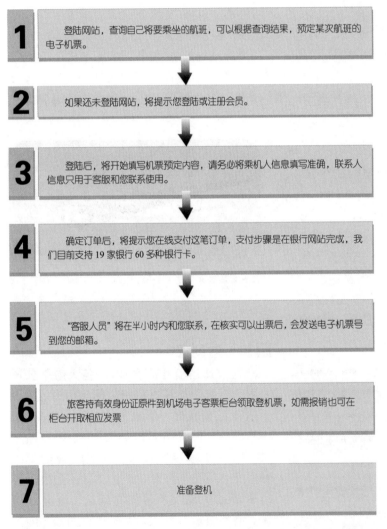

1 登陆网站,查询自己将要乘坐的航班,可以根据查询结果,预定某次航班的电子机票。

2 如果还未登陆网站,将提示您登陆或注册会员。

3 登陆后,将开始填写机票预定内容,请务必将乘机人信息填写准确,联系人信息只用于客服和您联系使用。

4 确定订单后,将提示您在线支付这笔订单,支付步骤是在银行网站完成,我们目前支持19家银行60多种银行卡。

5 "客服人员"将在半小时内和您联系,在核实可以出票后,会发送电子机票号到您的邮箱。

6 旅客持有效身份证原件到机场电子客票柜台领取登机牌,如需报销也可在柜台开取相应发票

7 准备登机

▲ 电子机票是一种新型机票,它是以现代电子技术为基础,具有节省成本和方便旅客的作用

✈ 机票种类

　　机票的种类有多种划分方法,各国航空公司一般划分为三种,即正式票、优待票和特殊票;也有的按旅行线路分为单程票、往返票、环行票、环球票、分支旅行票、张口旅行票和断路旅行票等。有时,航空公司会根据市场情况而产生不同的机票种类,以适应不同旅客的需求和消费能力。

✈ 电子机票

　　电子机票是普通纸质机票的一种电子映象,是一种电子号码记录。目前,电子机票作为世界上最先进的客票形式,实现了无纸化、电子化的订票、结算和办理乘机手续等全过程,给旅客带来了诸多便利,并为航空公司降低了成本。对于旅客来讲,它的使用与传统纸质机票并无差别。

✈ "OPEN" 机票

凡是机票上没有确定起飞的具体时间，及没有预订好座位的有效机票，都被称为"OPEN"票。也就是说，购买机票而未预订座位，是不能登机的。往返票回程不定日期为"OPEN"票，回程机票上标记为"OPEN"字样。旅客在国外定好日期后到航空公司贴更改日期条。此种机票虽然较自由，但风险较大，可能会遇到希望预订的日期订不上机位或订不上同机票上舱位等级一致的机位的情况，造成经济上损失。

▲ 一张由泰航开出的机票

✈ 机票内容

世界各国的民用航空公司所开具的飞机客票内容基本一致，包括封面上印有航空公司的全称、代号、标志、数字代号、机票顺序号等；扉页上印有乘客和航空公司双方的契约条件及要求乘客遵守的注意事项；中间是乘机联和旅客联；乘机联和旅客联上都写有旅客姓名、航班号、起飞时间、座位号、经过及抵达地点等。乘客购买机票后，必须预订座位。凡是确定好座位的机票，都被称为"OK"票，旅客持有确定好座位的机票，即可按上边的日期和航班号登机启程。

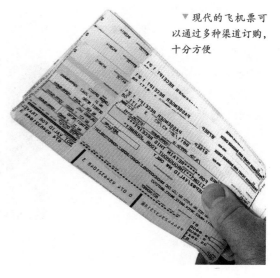

▼ 现代的飞机票可以通过多种渠道订购，十分方便

![新知词典图标] 新知词典

飞机票的有效期

飞机票和汽车票、火车票一样，都有有效期。如果在有效期内，没有乘坐飞机，等到机票过期失效，这时要再乘坐飞机，就必须另外购买机票。机票的有效期是航空公司根据情况自行设定的，一般可分为一年、半年、3个月、一个月、十四天有效票等不同种类。普通机票的有效期一般为一年，而且可以换成其他航空公司的航班，虽然票价比较高，但是非常灵活方便。特别机票的价格虽然优惠，但是限制比较多，有效期也比较短，当然也有有效期达半年、甚至一年之久的，例如用国际学生证办理的学生机票。

正常票价的客票，有效期为一年。不定期客票自填开之次日零时起计算。定期客票自旅行实际开始之日起计算，一年内运输有效；如果客票全部未使用，则从填开客票之日起，一年内运输有效。在国内，如果购买了"OK"票，可以在一年内改签；如果购买了"OPEN"票，从开票之日起有一年的时间可以确认，一旦确认变成了"OK"票后，还有一年的改签时限。国内航空公司可以改签的次数不尽相同，但至少是一次。

飞行员

　　同汽车需要司机驾驶一样，飞机或其他航空器也需要相关人员来操作才能翱翔于天空。驾驶飞机或其他航空器的人员统称为飞行员。要想成为一名合格的飞行员是十分不容易的，要经过层层筛选，长时间的训练，不管是身体、心理，还是技能都要达到最严格的标准。

✈ 飞行员的等级

　　根据执行任务的不同，飞行员可分为不同的类别和等级。对于民航飞行员来说，可粗略分为机长和副驾驶两种等级，但是机长和副驾驶又可分成不同等级，机长一般又分为机长、教员和模拟机教员等等，副驾驶又分为一副和二副。对于部队飞行员来说，可分为三级，即二级飞行员、一级飞行员和特级飞行员。飞行员按照自己的等级，分管和执行不同的任务与命令。

▲ 一般情况下，民用客机上至少有两名驾驶员

新知词典

飞行员的选拔标准

　　飞行员被称为"刀尖上的舞者"，危险性极大。因此选拔标准相当严格，除了自然条件、身体条件合格以外，心理素质、政治条件和文化条件也必须全部达到标准。

　　这五大条件相当严格，包含了诸多限制。其中自然条件：普通中学应届高中毕业生，年龄在16至19周岁；普通高校本科二年级学生，年龄不超过22周岁；军队院校和普通高校应届本科毕业生，年龄不超过24周；学生必须为中华人民共和国公民，具有空军招飞任务地域的正式户籍等。身体条件包括有身高、体重、血压、视力、无有碍军容的纹身、刺字，以及不能患有各种影响飞行安全的疾病。心理素质也必须优良，面对紧急情况能够做到从容不迫。政治条件方面：本人必须爱党爱国，坚决拥护党的路线、方针等；父母、监护人、亲朋好友必须爱党爱国等。文化条件方面：学生须具有所在学校的正式学籍。应届高中毕业生须参加全国普通高等学校招生统一考试，且达到空军划定的招飞录取分数线。大学生当年高考成绩达到二本线以上，大学二年级学生需完成教学大纲规定的学习课程，成绩合格；大学毕业生须获得本科学历和学士学位。

✈ 飞行员的要求

对于飞行员来讲，严格的纪律要求尤其重要。空军的作战训练一向是以分秒来计算的，预警机要为其他飞机提供信息，歼击机不但要准确执行指挥员的口令，拦截、歼灭来犯之敌，还要对轰炸机和陆、海军实施掩护。如果没有严密的组织指挥，准确的协同动作，严格的空中纪律，平时就完不成训练任务，战时就更不可能打胜仗，甚至还可能对己军、友军造成误伤。

✈ 操纵技能

飞行员进行各种飞行的技能称为飞行技术，内容包括基本驾驶技术、战斗技术和简单气象与复杂气象飞行技术。良好的飞行技术是飞行员完成飞行任务、保证飞行安全的前提。基本驾驶技术指实施飞机起落、航线飞行、特技飞行和领航飞行等。战斗技术包括攻击、射击、截击、侦察以及轰炸等。简单气象与复杂气象飞行技术是飞行员在这两种气象条件下驾驶飞机所需掌握的基本操纵技能。

▲ 飞行员必须掌握娴熟的飞行技能

✈ 从学生到飞行员

在成为飞行员前，需要接受专业的飞行知识教育。学员在航校毕业后，还要接受技术等级考试，考试通过了才只是拿到了飞行执照，而要想真正登上飞机，当上副驾驶，还需要进行模拟机训练。模拟机训练结束后，将转到本场训练。本场训练合格后，又要经历5~7年的成长历程，才能"变身"为飞行员。

▲ 年轻的飞行员

航空安全员

　　如今，我们处于和平年代，但世界仍有许多不安定因素的存在，比如恐怖活动"9·11"事件。该事件发生后，许多重要的民航航班上都配备了空中安全人员，又称航空安全员、空警等。他们经过专业训练，主要负责维护飞机在飞行途中的旅客的人身和财产安全，维持空乘秩序。航空安全员有可能乔装成普通乘客，潜伏在其中，暗中观察身边情况，确保能及时发现不安全因素。

✈ 什么是航空安全员

　　航空器在深不可测的高空飞行时，很容易发生一些不安全的事故，于是航空安全员产生了。所谓航空安全员，就是指在民用航空器中执行空中安全保卫任务的空勤人员。但是，航空安全员并不是谁愿意就能担任的，他们必须具备一定的资格。航空安全员实行执照管理制度，未持有效执照的人员，不得在公共航空运输企业运营的航空器上担任航空安全员。

▲ 正在工作的航空安全员

✈ 航空安全员的职责

　　航空安全员在机长的领导下负责维护航空器内的秩序，制止威胁民用航空飞行安全的行为，保护所载人员和财产的安全，对航空器客舱实施安全检查；根据需要检查旅客登机牌及相关证件；对受到威胁的航空器进行搜查，妥善处置发现的爆炸物、燃烧物和其他可疑物品；对航空器上有扰乱行为的人采取必要的管束措施或者强制其离机；防范和制止非法干扰等严重危害飞行安全的行为等。

◀ 正在进行培训的航空安全员

探索之旅
"彗星"型客机空难事件

　　1954年1月10日,英国海外航空一架编号为781号的"彗星"型客机启程飞往伦敦。飞机飞行了十多分钟后,机长开始和另外一架飞机的机长通过无线电谈论天气状况。但是,通讯突然中断了。就在同一时刻,有渔民发现飞机残骸从天而降,沉入海底。

　　其实,在这次事故发生之前,"彗星"型客机已经发生了4次事故,造成54人死亡、2架客机损毁。为安全起见,英国海外航空的所有"彗星"型客机被下令停飞。但是,事故调查组并没有深入调查事故起因,只是草率地认为飞机爆炸是引擎故障或机舱失火导致的。

　　在经过60多项改良,"彗星"型客机于三月份再度投入服务。谁知一个多月后,南非航空一架"彗星"型客机遭遇了和781号同样的命运,都是在空中爆炸解体。这次空难,造成全机21人罹难。这时,英国人才意识到事态的严重性,于是取消了"彗星"型客机的适航证。

　　781号班机部分残骸被打捞起后,调查直指最先破裂处。最终调查结果认定,机身蒙皮厚度不足,加压系统引起的内、外气压不平衡,从而导致金属疲劳,无法承受长时间高速飞行。

▲ "彗星"型客机

✈ 日常训练

　　航空安全员的责任重大,因此训练也非常的严格。民航局规定:公共航空运输企业实施日常训练时应当提供:必需的场地、设施和设备;现行有效的教材、指南和考试复习题。同时,公共航空运输企业应当为其航空安全员建立个人技术档案,档案内容主要包括各种训练及考试记录、飞行记录、其造成的事故及事故征候结论以及奖惩记录等。

✈ 人员执勤期

　　值勤期是指航空安全员在接受公共航空运输企业安排的飞行任务后,从为了完成该次任务而到指定地点签到的时刻开始,到解除任务签出时刻为止的连续时间段。在一个值勤期内,如果航空安全员能在有睡眠条件的场所得到休息,则该休息时间可以不计入该值勤期的值勤时间。此外,航空安全员不得接受任何公共航空运输企业超出规定和要求之外的执勤指派。

▲ 正在执勤的航空安全员

历史上的空难

　　全世界每年死于空难的约 1000 人，而死于道路交通事故的却高达 70 万人。从这个意义上来讲，乘飞机出行也许是最安全的交通方式之一。然而，一旦发生飞机失事，幸存者却寥寥无几。因此我们能做的就是尽量避免悲剧的发生，减少一些由于人为等因素所造成的灾难事故。

✈ 霜引发的灾难

　　2004 年 11 月 21 日：东航从包头到上海的 MU5210 航班，一架小型客机 CRJ-200（B-3072）在起飞一分钟后坠毁，机上 53 人全部罹难。事故原因让人匪夷所思：飞机起飞过程中，由于机翼污染使机翼失速临界迎角减小。飞机刚刚离地后，在没有出现警告的情况下飞机失速，飞行员没能从失速状态中改出，直至飞机坠毁。飞机在包头机场过夜时存在结霜的天气条件，机翼污染物最大可能就是霜，而飞机起飞前没有进行除霜。

▲ 霜会导致飞行事故

▶ 图-154

✈ 挥之不去的阴影

　　2009 年 6 月 30 日，也门航空公司一架空客 A-310 客机在科摩罗群岛附近坠入印度洋，机上 153 名乘客和机组人员中除 1 名 13 岁法国少女获救外，其他人全部遇难。对于唯一的幸存者，伴随她一生的将是挥之不去的阴影，一个成年人遭受如此噩梦必定惊魂未定，更何况是一个 13 岁的小女孩。

✈ 灾难前的平等

　　2010 年 4 月 10 日波兰总统卡钦斯基及其夫人乘坐的一架图-154 飞机，在俄罗斯斯摩棱斯克州北部军用机场降落时失事，机上 132 人无一人生还。机上除波兰总统夫妇外，还有波兰总统办公厅主任、武装力量总参谋长、国家银行行长等多名政府高官和波兰大主教等波兰社会各界知名人士。

▼ 在机场的空客 A-310 客机

▲ 空难后的飞机残骸

✈ 伊春空难

2010 年 8 月 24 日我国民航保持了 2 012 天的安全纪录被打破了，河南航空有限公司 B3130 号（EMB190 型）飞机执行 VD8387 哈尔滨—伊春航班任务时，在距伊春机场跑道 1.5 千米处失事，造成重大伤亡，主要是由飞行失误造成的。事发后，伊春机场全部停用，出事飞机的所属航空公司河南航空公司的航班也全部取消。

✈ 空难自救方法

空中常见的紧急情况有密封增压舱突然低落、失火或机械故障等。一般机长和乘务长会简明地向乘客宣布紧急迫降的决定，并指导乘客采取应急处理。水上迫降时，空中小姐会讲解救生衣的用法，但在紧急迫降前，乘客仍应系好安全带。若飞机高度在 3 660~4 000 米，旅客头顶上的氧气面罩会自动下垂，此时应立即吸氧，绝对禁止吸烟。乘客要听从指挥，尽量蹲下，处于低水平位，屏住呼吸，或用湿毛巾堵住口鼻，防止吸入一氧化碳等有毒气体。

▲ 安全带是我们的生命带

探索之旅

3·8 马航失踪事件

2014 年 3 月 8 日 0 点 42 分，马来西亚航空公司一架波音 777 飞机从吉隆坡国际机场起飞前往北京。可是，飞机飞行了不到 2 个小时，就和地面控制中心失去了联系，而且地面控制中心没有收到飞机的求救信号。一时间，所有人都开始紧张起来。马来西亚航空公司开始启动救援和联络机制寻找该飞机。飞机失联并不意味着飞机失事，而且这架波音 777 飞机装载的燃料十分充足，可以比正常飞行时间多飞行 2 个小时。所有人都抱着最后一丝希望，希望出现奇迹。国家主席习近平和国务院总理李克强作出重大批示，要求有关部门立即启动应急机制。南海救助局的两艘搜救船分别从西沙和海口出发前往南中国海开展搜救。

然而，经过十多天、十多个国家联合搜救，该飞机仍然没有找到，飞机上 227 名乘客（其中有 154 名中国人）和 12 名机组人员已经没有生还的可能。3 月 24 日晚 10 点，马来西亚总理召开发布会确认失联客机坠毁，并发表声明称机上无一人生还。

▲ 马来西亚航空公司的波音 777

欧洲规模最大的航空博物馆

　　法国巴黎的布尔歇航空航天博物馆坐落于巴黎的布尔歇机场，是欧洲规模最大的航空博物馆。这里是当年第一位驾驶飞机横越大西洋的飞行英雄林白和他的座驾"圣路易斯精神"号降落的地方，同时也是"协和"号结束最后一次飞行降落的机场。

▲ 巴黎航空航天博物馆

✈ 历史久远

　　巴黎航空航天博物馆被誉为欧洲航空事业的精神家园，也是全球最古老的航空博物馆之一，其所在的布尔歇旧机场在巴黎东北方向约 12 千米处。自 1919 年伊始，该机场即被用于商业航空飞行，而博物馆也在当年应运而生，至今已逾 90 岁高龄。

✈ 展馆特色

　　法国巴黎的布尔歇航空航天博物馆的展示面积达 7.8 万平方米，其中室外展区 4 万平方米。该馆利用机场的几个机库，向络绎不绝的参观者展示了 200 多架各式飞行器，其中不少极为珍贵，如 20 世纪初，人类尝试飞行所用的飞行器实物。

▲ 法国巴黎布尔歇航空航天博物馆中的早期飞行器

▼ 展馆展示的飞机

✈ 经营宗旨

　　布尔歇航空博物馆是赫赫有名的巴黎航展主要举办地。巴黎航空航天博物馆隶属法国国防部，每年国防部拨款 5 000 万法郎作为该馆的运营经费。博物馆的经营宗旨是保护国家航空文化遗产，开展历史和科普教育。

名人小传

法国著名飞行员圣埃克苏佩里与童话《小王子》

圣埃克苏佩里是法国一个传奇人物,他不但是法国著名的飞行员,还是著名作家,其作品多描述飞行员的生活,代表作有《夜航》《人类的大地》《空军飞行员》《小王子》等,其中童话小说《小王子》是他最著名的作品。

圣埃克苏佩里于 1900 年生于一个传统的天主教贵族家庭,在五个孩子中排行老三,他有三个姐妹和一个弟弟。他的父亲在他不满 4 岁时就因病去世,母亲独自抚养五个孩子。唯一的弟弟是他最亲近的知己,却在 15 岁时因病去世。受弟弟离世和一战的影响,他开始进行小说创作。1926 年,圣埃克苏佩里成为一名邮政飞行员,并常常辗转于世界各地。艰苦的飞行经历给了他创作的灵感,1942 年,他完成了《小王子》的创作,并于第二年初出版发行。自出版 70 多年以来,《小王子》赢得了世界各地读者的喜爱,成为世界童话小说中一颗璀璨的明珠。

▲ 圣埃克苏佩里

1944 年 7 月 31 日,圣埃克苏佩里在二战期间执行一次飞行任务时离奇失踪,时年 44 岁(飞机残骸于 2004 年被找到)。为了纪念他,在圣埃克苏佩里逝世 50 周年时,法国人将他与小王子的形象印在 50 法郎的钞票上,位于其家乡的里昂圣埃克苏佩里机场也是以他的名字命名。

✈ 历史事件

1927 年,林白驾驶着单引擎飞机"圣路易斯精神"号降落在巴黎东北处的布尔歇机场,布尔歇由此声名鹊起。2003 年 6 月 15 号,协和号结束最后一次飞行,降落在布尔歇机场,这架飞机从此永远成为博物馆的收藏品。该馆还专为纪念法国航空先驱安托万·德·圣埃克苏佩里开辟了一处展览场地,展出了从各种信件到绘图和照片,再到他的飞机零部件等众多物品,令人们对这位航空先驱者有了更深入的了解。

▲ 林白

✈ 巴黎航展

世界上规模最大、最负盛名的国际航空航天展览会——巴黎航展,正式名称即为"巴黎-尔歇国际航空航天展览会",于 1909 年开始举办第一届,后每年举行。在两次世界大战期间被中断,到 1919 年第六届以后,巴黎航展改为每两年举办一次。2009 年正好是巴黎航展的百年庆典,至此它已举办了 48 届。

▼ 2007 年巴黎航展

加拿大航空博物馆

　　加拿大航空博物馆成立于1964年,由三个博物馆的藏品合并而成。这三个博物馆分别是:国家航空博物馆,主要藏品为早期航空飞行器;加拿大战争博物馆,主要藏品为军用飞机,包括许多战利品;皇家加拿大空军博物馆,主要藏品为在加拿大皇家空军服役过的飞机。

✈ 发展历史

　　加拿大航空博物馆位于安大略省渥太华的阿普兰兹机场,距今已有将近半个世纪的历史。博物馆的运营经费由加拿大联邦政府拨款,1967年,加拿大国家航空博物馆连同加拿大科技馆合并为国家科学技术博物馆。1990年,加拿大科技博物馆被纳入加拿大科技博物馆公司。2000年,国家航空博物馆正式更名为加拿大航空博物馆。

▲ 加拿大航空博物馆鸟瞰图景

✈ 展馆的变迁

　　加拿大航空博物馆由两座建筑物组成:三角形的主展馆和矩形的机库。1988年,国家航空博物馆的藏品被移入新的试验性风格的三角形机库里,此机库的原址是一个二战时期的老式木质机库。2006年,在增加了的一个新机库开放后,所有的飞机藏品终于都能在室内存放了。

新知词典

最早的垂直起降战斗机——英国"鹞"式战斗机

　　英国"鹞"式战斗机是世界上第一种实用型垂直短距离起降战斗机,由英国原霍克飞机公司和布里斯托尔航空发动机公司研制。该机从1959年开始进行制造,1960年第一架原型机制造完成出厂。"鹞"式战斗机成功研制后,美国海军陆战队就立即购买了一批英国"鹞"Mk50,并重新编号为AV-8A(加拿大航空博物馆里就收藏有一架AV-8A战斗机)。当时,美国共购买102架AV-8A,第一架于1971年交付美国海军陆战队,至1977年全部交付完毕。

　　AV-8A是美国少有的来源于外国设计的现役军用飞机。为进一步提高其性能,由美国麦道公司(现并入波音公司)和英国宇航公司联合研制推出了AV-8A的改进型AV-8B,初始造价为2370万美元。AV-8B因其超凡的性能取代了美海军陆战队的A-4"天鹰"攻击机,使得美陆战队拥有了自己的第一种空中近距离支援机种。AV-8B在海湾战争执行了多架次任务,虽然击毁敌方大量目标,但也在战争中暴露出了很多的缺点。于是后来就出现了AV-8B的新的替代品。

　　2013年12月15日,英国飞行员在一处皇家空军基地执行"鹞"式战斗机的最后一次飞行任务。此次任务结束后,这款服役半个世纪的战机正式退役。

▲ 加拿大航空博物馆主楼的飞机

✈ 展出内容

加拿大航空博物馆收藏品包含超过 130 架的飞机，以及诸如发动机、螺旋桨等来自许多国家的众多代表性文物。飞机类型有各种民用和军用飞机，主要展现加拿大从一战前的创始时代到现在的百年航空史。藏品中有 20 世纪 20 年代到 40 年代的当时世界的一些代表性机型，以及 20 世纪 50 年代后期 AVROARROW 截击机的残存部分。

✈ 加拿大科技博物馆公司

加拿大航空博物馆受控于加拿大科技博物馆公司。加拿大科技博物馆公司是一家独立的国有公司，旨在保存和保护加拿大的科技遗产，负责加拿大航空博物馆、加拿大农业博物馆和加拿大科技博物馆的业务推广和日常建设与维护。

✈ 未来发展

随着加拿大航空和航天科技的持续发展，加拿大航空博物馆也与它一起成长。宇宙航天空间的拓展为现代航空事业注入了新的血液，传统的航空博物馆职能也因此发生了改变。为了更好地反映其任务的变化，加拿大航空博物馆现已更名为加拿大航空航天博物馆。

▲ CH-113"拉布拉多"直升机陈列在加拿大天博物馆中

英国皇家空军博物馆

　　英国皇家空军博物馆的馆藏珍品可谓世界之最，其所拥有的 70 多架具有重要纪念价值的战斗机和飞行器见证了英国航空事业的辉煌历史。而通过现代高科技手段，再现当年真实的战场场景，更是让参观者犹如身临其境，切身体验到战争对人类的深远影响。

▲ 游客参与飞行模拟

✈ 展馆特色

　　英国皇家空军博物馆是世界上重要航空博物馆之一。馆内现在可通过电影演示片、视听装置和灯光特效等高端技术设备，生动再现当年战争的场面。除此之外，游客们还能参与到互动式的"趣味飞行"馆和飞行模拟等活动中，亲身体会一下飞行的无限乐趣。

✈ 展出内容

　　英国皇家空军博物馆主要展示英国皇家空军的历史，展品全部是军用飞机，从不列颠之战中鼎鼎大名的喷气式战斗机和"兰彻斯特"轰炸机，到最先进的欧洲战斗机，馆藏实物飞机 200 余架，其中 80 多架飞机是来自英国以外的其他国家。

✈ 展馆宗旨

　　英国皇家空军博物馆于 1972 年 11 月正式开馆，在伯明翰还设有分馆，博物馆收藏了许多早期的飞机设计图纸、各种飞机资料以及珍贵图片。作为英国唯一的国立航空博物馆，英国皇家空军博物馆办馆的宗旨是最大程度地保护英国的航空遗产，并将它展示给后人。

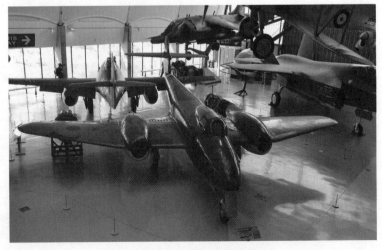

▲ 轰炸机在博物馆中展出

✈ 博物馆的"看门狗"

英国的"警犬"导弹是一种中高空、中远程防空导弹，先后发展出 1 型和 2 型，分别于 1958 年和 1964 年服役。不过，由于"警犬"导弹只能部署在固定阵地上发射，所以被形象地称为是跑不动的"狗"。英国的"警犬"早已退役，但在英国皇家空军博物馆的大门前，这只忠心耿耿的"警犬"仍然在守护着博物馆的大门。

▲ 馆中陈列的英国战斗机

✈ 创立过程

英国皇家空军博物馆每年开支的 80%由英国政府提供，另外的 20%由企业和个人组成的基金会募集而来。该基金会的发起人是英国皇室的菲利普王子。博物馆所在的伦敦市北郊亨登镇是英国航空事业的发源地，英国早期的航空历史就在此地诞生，1972 年 11 月，在这里建立了英国皇家空军博物馆。

▲ 馆中展出的双翼飞机

 经典问答

英国皇家空军是怎样的一个武装机构?

英国皇家空军,英文简称RAF,是英国的空军分支,也是世界上历史最悠久的独立空军,是负责英国防空和其他国际防务义务的武装机构。

英国皇家空军起源于 1911 年, 当时成立了皇家工兵航空营, 该营有个气球连和飞机连。在一战中, 英国空军海军联队和空军联队分离, 但在 1918 年时, 它们合并为英国皇家空军。英国皇家空军在 1918 年 4 月 1 日成立。1920 年, 在林肯郡的克兰威尔建立了一所皇家空军军官学校。1922 年, 一所皇家空军参谋学校在罕布郡的安德福成立。二战爆发后, 皇家空军的前线力量约有 2 000 架飞机。2015 年 2 月 12 日,英国首支 F-35 战机中队正式成立,接受美国培训。

英国皇家空军依循其他大英帝国军种的传统, 使用的徽章代表他们的荣誉和行动。皇家空军旗在所有基地白天都要升起。在一战早期, 英国皇家空军使用的是英国国旗(米字形图案), 但是在空中很容易和德国空军的铁十字标志搞混。因此从 1914 年 10 月开始, 英国皇家空军采用法国原创的同心圆样式, 从中心向外依次为红、白、蓝三种颜色,但此后这几种颜色经历了很多次变化, 而且不同的飞行器使用的军旗徽章颜色不同, 但大部分航空器仍然保持着传统的红、白、蓝三色圆徽。

中国航空博物馆

　　中国航空博物馆是中国历史上第一座对外开放的大型航空博物馆，是亚洲最大的航空珍品收藏地。该馆坐落在北京昌平大汤山脚下，1986 年建馆，1989 年 11 月正式对外开放，是集科技教育、旅游于一体的国家级军事主题博物馆，也是目前排名世界前五位的航空博物馆之一。

✈ 博物馆外观

　　中国航空博物馆的馆标是一座高达 10 余米，由乳白色的支柱斜托着的一架通体洁白、正在飞升入天的单座轻型歼击机。在博物馆广场中央，有一座纪念为祖国航天事业默默奉献的人们的"天魂"碑，它是用从泰山采集的一块完整的黑色花岗岩制成的。

✈ 博物馆馆藏及特色

　　中国航空博物馆占地面积 70 余万平方米，馆藏 270 余架飞机、99 架国家文物飞机以及近万件航空文物。博物馆按飞机年代、飞机类别和机体大小，分为馆标区、天魂碑、洞库大展厅以及露天展厅四个主题部分，还收集展出地空导弹、防空雷达、高炮、航空炸弹以及航空照相机等 700 多件武器装备样品。该馆馆藏丰富，其中不乏一些珍品，比如毛泽东、周恩来、朱德在二十世纪五六十年代乘坐过的飞机，斯大林送给毛泽东的生日礼物——图-4 重型轰炸机等。

▼ 中国航空博物馆

✈ 露天展厅

露天展厅主要陈列着世界各国制造的各种飞机,如世界上第一种使用涡轮螺旋桨动力装置的英制"子爵"号运输机,以及其他各类飞机精品。除此之外,馆内还设有"发动机系列展""航空照相设备展"等专题展览。馆内共有100多种型号的200多架飞机,还有地对空雷达等航空展品共600余件。

▲ 馆中露天展厅的客机

▲ 洞库展厅里展出的乌雅克17飞机

✈ 主要展厅

洞库展厅是博物馆的主要组成部分。它有着一个硕大的拱型顶,顶上镶嵌了260多盏圆灯,构成群星闪耀的壮观夜空。两侧布置的两条光带,将展厅装点得更为宽敞明亮。洞库展厅的展品包括了中国古代的航空发明与发现,当代高空高速歼击机等众多史上航空器,为人们展示了一幅宏伟的航空图景。

✈ 珍宝馆

珍宝馆里分三个展室,第一展室主要展出航空博物馆自己制作的各型遥控飞机模型和仿真飞机模型;第二展室展出的是外国政府首脑赠送给中国党和政府领导人的珍贵礼物;第三展室展出的是外国军事代表团、航空界朋友以及其他友好人士赠送给人民空军的精美军徽、部队徽章等礼品。

探索之旅

常香玉与"常香玉"号

1951年6月1日,中国人民抗美援朝总会向全国人民发出了开展捐献飞机、大炮及坦克的号召,一场涉及全国的捐献武器运动高潮由此展开。豫剧著名女演员常香玉和她领导的"香玉剧社"决心在全国各大城市巡回义演,用演出的收入为志愿军购买一架战斗机。为此,常香玉变卖了孩子的金锁和首饰、变卖了汽车,首先捐款4000万元(人民币旧币),并用余下的钱作为剧社巡回义演的基金,购买义演时所需的东西。

▲ "香玉剧社"号米格15

为了安心义演,常香玉把三个孩子托付给西安市保育院。在她的带动下,剧社全体演职员爱国热情高涨,不辞辛苦,从1951年8月起,在河南、陕西、湖北、湖南、广东、江西等6省巡回义演170多场,观众达30多万人。经过半年的巡回义演,香玉剧社终于实现了为志愿军捐赠一架飞机的愿望。后来,这架飞机被命名为"常香玉"号。

圆梦蓝天,再创辉煌:航空应用和未来篇

时代在发展,科技在进步。今天,无论是生产生活还是国家军队都已经离不开航空器的使用。航空器的应用已经渗透到了生活中的方方面面,而军用飞机的应用则覆盖到了世界各个国家的军队。如今,中国航空事业蓬勃发展,取得了举世瞩目的重要成就,它不但带动了国家科学技术的全面进步,增强了国防实力,更加奠定了我国的国际地位。展望未来,希望中国航空事业的发展前景更加美好。

航空应用简史

　　航空是一种复杂而有战略意义的活动,也是20世纪发展迅速、对人类社会影响巨大的科学技术领域之一。飞机从开始出现到在人类的生产生活中的广泛应用,仅仅经历了110多年的历史,但飞机的外形、种类、性能以及应用范围却发生了翻天覆地的变化。应该说,航空发展的历史就是一部人类用自己的聪明才智征服天空的历史。

✈ 早期飞机的应用

　　1909年7月,法国的布莱里奥驾驶自己设计的“布莱里奥”Ⅺ号单翼机,首次飞越了英吉利海峡,这是最早的国际飞行活动。1909年8月,法国兰斯举行了第一次航空博览会,会上多种不同形式的飞机作了飞行表演和竞赛。1910年3月,法国的法布尔设计的浮艇式水上飞机,把飞机的使用范围从陆地扩大到水面。同年11月,美国进行了飞机从航空母舰上起飞的试验。

▲ “布莱里奥”Ⅺ号单翼机飞越英吉利海峡的纪念海报

✈ 开始被用于战争

　　在1911—1912年意大利侵略土耳其的战争中,飞机第一次被用于战争。在一战中,飞机开始大规模地被用于军事。大战初期,各国拥有的飞机仅数百架,也没有专门设计的军用飞机。1914年,协约国的飞机在比利时前线进行了第一次侦察,从而发展了侦察机,后来又出现了驱逐机。1914年,驱逐机首先进行了空中格斗。一战时期还出现了教练机。美、英两国也开始建造航空母舰和舰载作战飞机。

▲ 第一次世界大战中的英国战机

✈ 民用运输的建立

　　从1911年起就有人尝试用飞机开展运输和邮递服务。一战后,剩余军用飞机很多,又有大批飞行员退役。德国战败后采用开展民用航空运输的手段,以保存技术力量,继续发展航空工业,首先在1919年2月建立了国内航线。同年8月,英法建立了国际定期空中客运航线,不久就形成了航空运输网。航线上使用的飞机都是经过改装的轰炸机。另外,水上飞机在民用航空运输中起着非常重要的作用。

新知词典

世界第一家航空公司

德国飞艇股份公司（英文缩写为 DELAG）成立于 1909 年 11 月 16 日，是世界上第一家航空公司。它是一家政府参与的公司，使用齐柏林飞艇，总部位于法兰克福。今天，在世界上依然存在着五家历史悠久的航空公司。它们分别是：荷兰皇家航空、哥伦比亚航空、澳大利亚航空、墨西哥航空和捷克航空。

▲ 齐柏林"博登湖"号飞艇

✈ 军用战机的出现

20 世纪 30 年代后期，二战即将爆发，各国都研制了新的军用飞机。德国首先研制了 Me-109 驱逐机，英国研制了"飓风"式和"喷火"式驱逐机，苏联研制了拉-3、米格-3 等。这些飞机大部分在大战初期都派上了用场。美国因参战较晚，使用了更新的飞机，如优秀的舰载战斗机"野猫"和"山猫"等。苏联后期的新型驱逐机有拉-5、雅克-3 等，对德作战十分有效。

▲ 米格-3 模型陈列在美国空军博物馆

✈ 其他航空器

二战以后，直升机和轻型飞机的发展十分迅速。此外，还出现了一些其他类型的飞机。通用飞机始于 20 世纪 20 年代，由于社会的需要，已广泛用于测量勘探、体育运动等方面。另外，人力飞机也一直受到人们的关注。1979 年，美国人力飞机"蝉翼信天翁"号飞越了英吉利海峡。太阳能飞机于 20 世纪 70 年代末开始研制。1979 年，美国太阳能飞机"太阳升降机"号首次航行。

太阳能飞机

空中领域

　　我们人类活动的场所，除了辽阔的陆地和无边无际的海洋，便是浩瀚的天空。对于一个国家来说，空中领域也是其领土不可分割的组成部分，这里不仅是一个国家行使主权的空间，对国民经济和社会发展也有非常重要的意义。因此，领空具有和国土同等重要的地位，神圣不可侵犯。

▲ 领空有大气流动产生的风能，有太阳辐射带来的热能，也有保证国民健康生活的清洁空气，同时也具有极为重要的战略意义

✈ 领空的重要地位

　　领空是国家的领土范围，地面国家对本国领空的资源有完全的排他占有、使用的权力，并且如果没有得到地面国家许可，外国的航空器不得飞经或者飞入。因此，国家基于领空主权，对于非法侵入的外国武装航空器，有权采取相关措施，维护国家领空安全。

✈ 国家领空不可侵犯

　　根据国际法规定，领空是指一个国家的陆地、内水、群岛水域和领海上空的空气空间，是国家领土的组成部分。《巴黎航空公约》和《国际民用航空公约》规定，国家对其领土上空一定范围内的空中空间享有主权。关于领空的高度现在还没有统一规定。一般认为，领空是飞机和气球等"航空器"上升的最高处。目前，这个高度一般是100千米。

▼ 国家陆地上空的空气空间就是一个国家的领空

▲ 其他国家的飞机只有经过进入或飞
经国家的同意才能进入

✈ 一战时的领空观念

在一战期间，飞机开始成为战争的工具。不论交战国或中立国都禁止外国飞机不经允许飞越其国土的上空。前者旨在巩固国防，后者为了保护中立。在国内立法方面，一些国家已订有对其国土上空行使管辖权的法律，另外一些国家则划定某些地区的上空为禁区，不许外国飞机飞入。

✈ 公约正式诞生

一战后，《巴黎航空公约》于 1919 年 10 月在巴黎缔结，1922 年 7 月开始生效。这是国际上第一个关于空中立法的条约，该条约承认"每一国家对其领土上的空气空间具有完全的和排他的主权"。同时，缔约国承允在和平时期对民用航空器相互给予无害通过的自由。1944 年在芝加哥缔结的《国际民用航空公约》代替了《巴黎航空公约》，对国际民航活动制定了一系列原则和规定。

✈ 中国承认航空公约

中国于 1974 年承认了芝加哥《国际民用航空公约》，并在同年当选为国际民用航空组织的理事国，同时还在平等互利的基础上同许多国家缔结了双边协定，以促进国际民用航空事业的发展。

◀气球也不能飞进主权国的领空

新知词典

国家领空与国际空域

根据国际法的规定，空域可分为国家领空和国际空域。其中，国家领空是指一个国家的陆地、内水、群岛水域和领海上的领空；国际空域是指毗邻区、专属经济区、公海和不属于任何国家主权管辖范围内土地(如南极洲大陆)上的空域。一个国家对其领空可行使唯一、完全的主权。

在国际航行规则中，希望进入主权国领空的飞机必须表明其国籍和意图，以求得到同意过境飞行或着陆，并且必须服从相关的飞行规定，否则将有可能被视为"入侵"。1983 年 9 月 3 日，韩国大韩航空公司 007 号国际航班从美国阿拉斯加飞往汉城，途中被认为"入侵"苏联领空，"经多次警告无效"，最后，被苏联空军战斗机击落。

根据国际法和 1944 年签署的《国际民用航空公约》规定，一国的军用飞机只有在公海上飞行的自由，在事先未经过专门授权或允许的情况下，不能飞越另一个国家的领空。

军事用途

　　在现代军事信息斗争中,空军是一支劲旅。在信息战的诸多形式中实体攻击和电子战是主要形式,而这些又都是空军的优势,更是航空技术在军事方面的应用和印证。军用飞机从 20 世纪初诞生至今一百年来,发展极其迅速,出现了各类军用飞机,比如战斗机、侦察机、攻击机、轰炸机、军用运输机、无人机和电子战飞机等,并曾经在两次世界大战中大显身手。

苏联米格-25 战斗机的侦察镜头

✈ 军事上的优势

　　航空飞机可以作为战时的空间预备指挥所,它既能像载人空间站那样在轨长期停留,又配备了先进的指挥控制系统。一旦发生战争,便可以直接承担起作战指挥控制的任务。这主要是因为飞机可以不断移动,因此有更大的存活率。航空飞机可以利用其携带的照相侦察、电子侦察等设备对陆地、海上、空中的目标进行侦察与监视,对导弹发射等进行预警。

✈ 进行侦察

　　飞机在军事上的最初应用就是进行侦察。1910年 6 月 9 日,法国陆军的玛尔科奈大尉和弗坎中尉驾驶着一架亨利·法尔曼双翼机进行了世界上第一次试验性的侦察飞行。由于这架飞机是单座飞机,弗坎中尉就钻到驾驶座和发动机之间,手拿照相机对地面的道路、铁路、城镇和农田进行了拍摄。可以说,从这一天起,最早的侦察机就诞生了。

✈ "偷窥"优势

　　20 世纪 60 年代,人们研制出了三倍声速的战略侦察机,比如美国的 SR-71"黑鸟"侦察机,其照相侦察 1 小时的拍摄范围就达到了 15 万平方千米。正是因为其超高的巡航高度给了 SR-71 一个无与伦比的"偷窥"优势,使这架侦察机并不需要进入敌人领空,就可以通过携带的倾斜视角摄像机进行拍摄侦察。

▲ SR-71"黑鸟"侦察机

A-4"天鹰"攻击机

✈ 发动攻击和轰炸

未来战争中,攻击是最好的防备。有一种专门从低空、超低空攻击地面中、小型目标的军用飞机,称为攻击机或近距空中支援机。攻击机又称强击机,要求具有良好的低空操纵性和安全性,在飞机的要害部位一般都有装甲保护。所谓"强击"就是指这类飞机能够不畏敌人的地面炮火,强行实施攻击。二战以后,出现了战斗轰炸机,它主要是突击敌战术纵深内的地面和水面目标。

▲ C-141"星"重型战略运输机

✈ 航空运输

航空飞机有空运兵员、武器装备及空投伞兵和大型军事装备的作用。在现代战争中,军用运输机是提高部队机动性,增强应变能力的重要运输工具。世界各国正在使用的军用运输机约有 6 000 多架,其中大型运输机约 550 架,中型运输机约 2 000架。其中的 C-141"星"重型战略运输机是美军第一种能进行大规模伞降的喷气式飞机,也是美军第一种能够降落在南极的大型喷气式飞机。

经典问答

什么是反潜直升机?

反潜直升机是用于搜索和攻击敌潜艇的海军直升机,主要用于岸基近距离反潜和海上编队外围反潜。该机型能携带航空反潜鱼雷、深水炸弹等武器,有的能携带空舰导弹,另外,它还装有雷达、吊放式声呐或声呐浮标、磁力探测仪等设备,可以在短时间内搜索较大面积的海域,准确测定潜艇位置。反潜直升机搜索潜艇的效率和灵活性比舰艇优越,但它续航时间短,受气象条件的影响较大。反潜直升机分为岸基反潜直升机和舰载反潜直升机。舰载反潜直升机的旋翼和尾梁大多可折叠,便于在载舰机库内停放。

▲ MH-60R 反潜直升机

军用飞机

　　军用飞机是航空兵的主要技术装备,是直接参加战斗、保障战斗行动和军事训练的飞机的总称。在夺取制空权、防空作战、支援地面部队和舰艇部队作战等方面,军用飞机发挥着不可替代的作用。自诞生以来,军用飞机的发展速度、性能提高的幅度,无疑是常规武器中的佼佼者。

▲ 战斗机是军用飞机的一种

✈ 军用飞机的类型和组成装备

　　现代军用飞机的类型主要包括歼击机、轰炸机、歼击轰炸机、攻击机、反潜巡逻机、武装直升机、侦察机、预警机、电子对抗飞机、炮兵侦察校射飞机、水上飞机、军用运输机、空中加油机和教练机等。军用飞机主要由机体、动力装置、起落装置、操纵系统、液压气压系统以及燃料系统等组成,并有机载通信设备、领航设备以及救生设备等。

新知词典

军用飞机识别标志

　　军用飞机识别标志是为标示军用飞机的所属国籍而喷涂在机翼、机身或尾翼上的特定标记,习惯上称"军用飞机机徽"。军用飞机有的采用国旗或军徽的形式,有的按照自己的民族习惯绘制色彩鲜艳的几何形状图案。大多数国家的军用飞机均采用同种机徽,个别国家有所区别。军用飞机识别标志不是固定不变的,有时会因国家的国体、政体改变或其他需要而加以更改。一些国家为区别飞机所属的军种、兵种和部队机型,以便于实施空中指挥,还在军用飞机上标有文字、数字和图形等特殊符号。

　　中国人民解放军建立空军后,军用飞机的识别标志是在红五角星内印上金色"八一"两个字,即军徽,两侧各配一条镶有金黄色边沿的红带。"八一"表示人民空军是中国人民解放军的一个组成部分,是在陆军基础上壮大发展起来的,两侧的红色长带则表示人民空军的战鹰展翅奋飞,翱翔在祖国蓝天的雄姿。

在天空中飞行的F—16战隼式战斗机队列

✈ 基本性能

军用飞机的基本性能是指飞机的飞行速度、高度、航程和续航时间、作战半径等。例如，现代侦察机的最大速度已经达到每小时 3 000 千米，飞行高度可以达到 30 000 米。作战半径是飞机执行战斗任务时，能够往返飞行的最远距离。

◀ 攻击机主要用于从低空、超低空突击敌人和浅近战役纵深内的小型目标，直接支援地面部队或水面舰艇部队作战的飞机

✈ 航程和续航时间

现代军用飞机的航程一直在不断地增加。歼击机的最大航程达 2 000 千米，带副油箱时可达 4 000 千米；轰炸机、军用运输机的最大航程达 1.4 万千米；而高空侦察机的最大航程超过 7 000 千米。现代歼击机、歼击轰炸机和攻击机的续航时间为 1~2 小时，带副油箱时可达 3~4 小时。如果对飞机进行空中加油，每加一次，航程可增加 20%~40%；进行多次空中加油，其最大航程就不受机内燃料数量的限制，而取决于飞行人员的耐力、氧气储存量、发动机的滑油量等因素。

✈ 重要地位

军用飞机的出现，使人类作战的范围不仅仅局限在陆地和海洋上，而是扩展到了更为广阔的天空领域，传统的战略和战术也得到了极大的改变。军用飞机在战争中的作用和地位越来越重要。现代战争中，军用飞机在夺取制空权、防空作战、支援地面部队和舰艇部队作战等方面，都将发挥更重要的作用。

▲ 军用飞机的出现极大地扩展了人类的作战范围

战斗机

　　战斗机又称"歼击机"，二战时期称"驱逐机"，是军用飞机中装备数量最多、应用最广、发展也最快的机种。二战后，喷气式战斗机得到了很大发展，成为主要的战斗机。在现代战争中，战斗机一马当先、冲锋陷阵，被人们称为"蓝天上的神鹰"。

✈ 特点和结构

　　战斗机的机动性好、速度快、空中战斗能力强，其任务是与敌人战斗机进行空战，夺取制空权，拦截敌方轰炸机、攻击机和巡航导弹。二战后，喷气式战斗机得到了很大发展，成为了主要的战斗机。战斗机主要由机翼、机身、尾翼、起落架、动力装置、操纵系统、机载设备和武器系统等构成。因其基本性能是空中格斗，所以除了和其他飞机拥有一样的基本结构以外，战斗机还装载着一些用于空战的武器。

前雷达预警和电子对抗设备天线
短波天线
行灯/闪光灯
雷达预警天线
外侧副翼
后雷达预警天线
外挂架加强点
垂尾根部整流结构
动力喷口
机翼整体油箱
无框风挡
座舱盖铰链
座舱盖
发动机装卸滑轨
温度探头
空中加油管
玻璃纤维雷达屏
左航空灯
外侧自动前缘襟翼
D/F 天线
▶ 战斗机结构图
空速管
全向天线
导弹发射滑轨
左雷达预警天线
雷达平板天线
左主轮舱
2000 升副油箱
魔术 II 空空导弹
雷达高度表天线
机身腹部外挂 ASMP 空地战术核导弹
主起落架舱门

经典问答

隐身战斗机肉眼看不见吗？

▲ F-117A 隐形战斗机

　　隐身战斗机并不是肉眼看不见的飞机，而是指雷达一般探测不到的飞机，被形象地称为"空中幽灵"。这种战斗机可隐蔽接近敌人，达到出其不意攻击敌机的效果。该机使用"隐形"材料，在外形、涂料等方面作了特殊处理，来吸收雷达波。它们行踪诡秘，能有效地躲避雷达的发现和跟踪。世界航空史上的第一架隐形战斗机是 F-117A 隐形战斗机，它是洛克希德公司于 20 世纪 80 年代为美空军秘密研制的第一代隐形战斗机。

战斗机空中战斗能力很强

✈ 外形的变化和发展

20 世纪 50 年代以后，飞机进入超声速时代，飞机的外形也不断地变化着。飞机除了采用薄翼形外，还采用向后斜的后掠机翼，以减少阻力并可使飞机的速度提得更高。由后掠机翼演变而来的三角翼已在战斗机中广泛采用。其次是机身，典型的超声速机身是"蜂腰"形的。现在，尖的机头、蜂腰机身和三角翼已成为超声速飞机的典型气动布局。

✈ 两种主力机型

战斗机分为制空和截击两种主力机型。制空机通常中低空机动性好，装备中近程空对空导弹，通过中距离空中格斗，近距离缠斗击落敌机以获得空中优势，或为己方军用飞机护航；截击机要求高空高速性能，主要用于拦截敌方轰炸机群。相对于战略空军的轰炸机，战斗机属于战术空军的机种。

✈ 第一种超声速战斗机

由美国北美航空公司于 1949 年研制成功的 F-100 是世界上第一种具有超声速平飞能力的战斗机，最高时速为声速的 1.3 倍。此后，米格-19 战斗机也在 1953 年的试飞中突破音障，最高时速为声速的 1.36 倍。20 世纪 60 年代，美、苏、法等国又研制了最大时速为 2 倍声速以上的战斗机。

▲ F-100 超佩刀战斗机

✈ 最优秀的战斗机

"猛禽" F-22 战斗机堪称是当今世界上最优秀的战斗机，是世界上第一种进入服役的第五代战斗机。该战斗机由美国洛克希德·马丁公司与波音公司联合研制，机身也采用了隐身涂料，于 21 世纪初期陆续进入美国空军服役，并在 2007 年美国空军的军事演习中力克群雄，脱颖而出。洛克希德·马丁公司宣称，"猛禽" F-22 的隐身性能、灵敏性、精确度和态势感知能力，结合其空对空和空对地作战能力，使得它成为当今世界综合性能最佳的战斗机之一。

◄ 著名的"猛禽" F-22 战斗机

战斗机的任务

战斗机主要用于在空中消灭敌方飞行目标,夺取制空权,拦截敌方轰炸机、攻击机、侦察机和巡航导弹,或者为本方飞机护航。由于携带一定数量的对地攻击武器,可以执行对地攻击任务。不过,执行对地攻击任务已成为许多战斗机的第二项任务。

▼ 以色列 F-16 战斗机

✈ 偷袭

战斗机可以通过偷袭的方法来摧毁敌方目标。例如在 1981 年 6 月 7 日,以色列的 8 架 F-16 战斗机在 6 架 F-15 战斗机的掩护下,采用低空飞行,往返飞行 2 000 余千米,偷偷飞越三个国家的领空,后来,仅用了 2 分钟,就一举摧毁了伊拉克首都巴格达郊外的核反应堆,使伊拉克这座经营 20 余年造价达 4 亿美元的核设施毁于一旦。

✈ 在空中交战

战斗机的首要任务是消灭空中飞行的敌方飞机。比如 1982 年的马岛之战,至今人们应该还记忆犹新。在那场战争中,英军出动了数 10 架"鹞"和"海鹞"式垂直/短距起降战斗机,与阿根廷空军展开了大规模空战。最终"鹞"和"海鹞"击落了 31 架阿根廷军队的飞机,而"鹞"和"海鹞"没有一架被阿方击落、击伤。

▲ 曾经参加过马岛战争的"海鹞"FRS1

新知词典

"鹞"式战斗机

"鹞"式战斗机是英国研制的世界上第一种实用型垂直/短距起降战斗机,其主要作战任务是海上巡逻、舰队防空、攻击海上目标、侦察和反潜等。美国曾从英国进口了"海鹞"(鹞式战斗机的海军型),对其改进后称为 AV-8B,目前在美国海军陆战队中服役。

"鹞"式战机拥有特殊的垂直升降能力,曾参与多次重要战役,包括马尔维纳斯群岛战争,以及伊拉克和阿富汗战事。金融海啸后,英国政府面对庞大的财政压力,决定削减国防预算,结果"鹞"式战机也走出了历史。

▼ "鹞"式战斗机

2013 年 12 月 15 日,英国飞行员在皇家空军基地执行"鹞"式战斗机的最后一次飞行任务。此次任务结束后,这款服役半个世纪的战机正式退役。

发射导弹轰炸

在 1998 年 12 月为期 4 天的 "沙漠之狐" 作战行动中，美、英共出动 650 架次飞机，投掷了以激光制导炸弹为主的各类炸弹 600 枚，发射巡航导弹 425 枚。仅在攻击的第一天，美国就向伊拉克中部和南部发射了约 200 枚巡航导弹，攻击了与所谓 "伊拉克大规模杀伤武器" 有关的敏感目标。

▲ 美军对伊拉克的第四波攻击行动中发射的战斧巡航导弹

巡逻和警戒

战斗机也可以在空中进行警戒，来完成对敌方飞机的牵制。比如美国 "9·11" 事件自 2001 年发生以来，美国军方一直坚持派 F-15 和 F-16 战斗机在纽约和华盛顿上空执行 24 小时不间断巡逻任务，并在全国其他主要城市机场和重要安全区域上空进行不定期巡逻飞行，以对付可能发生的自杀性劫机和恐怖袭击。

▲ F-16 战斗机队列

格鲁曼 F-6F"地狱猫"战斗机

格鲁曼 F-6F "地狱猫" 是二战服役于美国海军的舰载机，由美国格鲁曼公司研制。它不是最快速的二战战斗机，但是与以往的美国战斗机不同，F-6F 可与日本飞机在低空玩起 "猫捉老鼠" 的死亡游戏，成功地压制住零式战斗机取得空中优势。F-6F 一共生产了 1.2 万多架，其中的 1.1 万架是在两年之间建造的。时至今日，仍有不少 F-6F 存放于世界各地的博物馆，部分还能够飞行。

战斗机的装备

现代战斗机普遍装有口径20毫米以上的航炮，同时携带多枚雷达制导的中距拦射导弹和红外跟踪的近距格斗导弹，也可携带2~3吨航空炸弹或其他空对地攻击武器。航炮是近距离格斗的武器，而现代化的空中格斗更多的是依靠导弹。飞机上还装有用数字计算机控制的航空火力控制系统，可与通信导航识别综合系统和电子对抗系统交联。

▲ 美国空军的波音 B-52 从第三百二十轰炸联队轰炸越南

✈ 航炮和导弹并重

20世纪60年代后期，越南战争、印巴战争和中东战争的实践表明，超声速战斗机制空战多是在中、低空，接近声速时进行的。空战要求飞机具有良好的机动性，即转弯、加速、减速和爬升性能，装备的武器则是航炮和导弹并重。

✈ 反跑道子母弹的出现

"狂风"战斗机是帕那维亚飞机公司（英国、德国以及意大利）研制的双座双发超声速变后掠翼战斗机，上面挂载着秘密武器——反跑道子母弹。这种炸弹能在60米的低空投放，而且破坏能力强，一枚弹爆炸后可形成深2米、直径5米的弹坑。在第三次中东战争中，反跑道子母弹就崭露头角，当时，以色列空军用这种炸弹一举摧毁了埃及的十多个机场，不到3个小时就夺取了制空权，此战使反跑道子母弹一举成名。

◀ "狂风"战斗机

经典问答

你听过中国的歼-5战斗机吗?

　　中华人民共和国成立后,在朝鲜战争空战中面对美国空军的现实威胁,中国开始了仿制生产喷气式战斗机的工作。从1954年10月开始,中国沈阳国营112厂(现称中航工业集团沈阳飞机工业公司)开始负责歼-5战斗机的研制。1956年7月13日,全部采用中国自制零件的第一架歼-5完成总装。1956年7月19日,歼-5原型机由试飞员吴克明驾驶首次试飞成功。

　　歼-5战斗机是中国仿制的单座单发第一代战斗机,是中国制造并装备空军的第一种高亚声速喷气式战斗机。歼-5参照苏联米格-17F型战斗机研制,采用机头进气的后掠式中单翼气动布局。1956年9月,歼-5正式投入批量生产。到1959年5月停产,共生产767架。歼-5的研制装备,标志着中国成为当时世界上能够批量生产喷气战斗机的少数几个国家之一。

▲ "抓钩"战术

✈ "抓钩"战术

　　在一战中,俄罗斯飞行员发明了一种所谓的"抓钩"战术,将敌机击落。在飞机下部安装了一条钢索,在钢索的尾部安装了一个活动"抓钩",抓钩上有一个雷管。当自己从敌机上方飞过时,操纵飞机用抓钩将敌机钩住,在钩住的瞬间,雷管爆炸,将敌机击落。

✈ 战斗机的威胁

　　对于超低空飞行的战斗机来说,防空火炮是其潜在的威胁。而目前世界上火力最强、最先进的防空火炮是俄罗斯的"通古斯卡"(2C6M)。它由高炮、低空导弹、雷达系统组成,采用自动攻击目标模式,可以将攻击时系统对空中威胁的反应时间缩短到8秒,并且可以在行进中或任何气候条件下、无论白天或黑夜打击任何目标。

▼ 防空火炮通古斯卡是战斗机的威胁

▲ 战斗机内部装备

✈ 必备装备

　　现代战斗机上装有用数字计算机控制的航空火力控制系统,驾驶员可以通过平视显示器、下视仪和多功能显示器获得敌我战机参数的信息,控制和管理导弹、机炮、火箭和炸弹的瞄准、发射和投放。火控系统的操纵是安装在驾驶杆和油门手柄上,便于驾驶员将飞机驾驶和空战合为一体。由于传递信息的设备较多,信息量大,为减少电缆数量和信息传递差错,采用多路传输数据总线。这是新一代战斗机所必备的装备。

世界著名的战斗机

随着高新技术不断发展，战斗机的任务也多样化，大部分现代战机已具备对地空双重打击的能力，各种战斗机航电系统也在不断更新。在一些国家诞生了一些比较强悍的战斗机，它们经历枪林弹雨，在空战中立下了汗马功劳，成为战斗机中的明星，其中有些至今仍保持着领先地位。

▼ 美国 F-15 战斗机

✈ F-15 战斗机

F-15 战斗机是美国麦道公司（现波音公司）为美国空军研制生产的双引擎、全天候、高机动性空中优势战斗机。它是美国在 1965 年开始研制的，是一种超声速制空战斗机，也是世界上最出色的战斗机之一。该战斗机是一种多用途战斗机，具备全天候战斗能力，主要用于完成空中作战任务。在美国和以色列服役的 F-15 战斗机截至 1996 年共击落各种飞机 96 架，而自己却无一被击落。目前，F-15 仍是美国空军的主力空中优势战斗机，并且还将继续服役下去。

✈ 苏-27 战斗机

苏-27 战斗机是非常著名的战斗机，它是苏联苏霍伊设计局研制的单座双发全天候空中优势重型战斗机，属于第三代战斗机。其主要任务是用于国土防空、护航、海上巡逻等。无论是在航展上展示优异性能，还是在实战中与对手一决高下，苏-27 战斗机都独领风骚。苏-27 的诸多改进机型，如苏-30、苏-34、苏-35、苏-37 等，都曾引起世界的轰动。

▼ 苏联著名的苏-27 战斗机

✈ "幻影"2000 战斗机

"幻影"2000 战斗机是法国达索公司在 20 世纪 70 年代为法国空军设计的单发、轻型、三角翼多用途战斗机。"幻影"2000 由法国人自主设计,是法国第一种第四代战斗机,也是第四代战斗机中唯一采用不带前翼的三角翼飞机,这是一种独树一帜的设计。法国在战斗机研制方面独树一帜的做法不仅体现在 "幻影" 2000 飞机上,而且体现在整个幻影系列飞机的形成和发展之中。截至 2013 年,"幻影" 2000 除法国外还外销 8 个国家/地区,总建造数量 600 余架。

▼ "幻影" 2000 战斗机是法国设计生产的

✈ "阵风"战斗机

"阵风"战斗机是法国达索飞机公司设计开发和建造的双引擎、三角翼、高灵活性多重功能战斗机,预计将会成为法国海空军下一代的作战主力。该战斗机于 20 世纪 80 年代初开始研制,与欧洲战斗机 "台风" 和瑞典的 JA-S39 "鹰狮" 并称为欧洲 "三雄"。"阵风" 装备有一套独特的地形跟随系统,在海面和陆地上都可以使用。达索公司使用 "全角色" 这个词描述这架飞机来显示它与其他多功能战斗机之间的区别,以此显示这架飞机可以在作战中从一个功能转换到另一个功能的能力。

▲ "阵风"战斗机

![名人小传]

苏霍伊小传

帕维尔·奥西波维奇·苏霍伊是苏联最有成就的飞机设计师之一,是苏霍伊设计局的创始人。他担任总设计师长达 33 年之久,一生共主持设计了 50 多种新飞机,其中 34 种进行了试飞,包括著名的苏-7、苏-9、苏-15 和苏-17 等。

苏霍伊的设计工作以大胆创新而著称,他最先采用变后掠翼、两侧进气、双三角翼等布局以及升力发动机。他设计的飞机曾创造两项世界升限纪录和两项没闭合航线飞行的速度纪录。

晚年,苏霍伊仍然坚持一贯的传统,站在科学研究的最前沿来探索未来飞机的设计。在他的影响下,20 世纪 70—80 年代苏霍伊设计局设计出许多不同布局和不同用途的飞机。苏霍伊一生为苏联航空事业的发展做出了巨大贡献,他以渊博的知识和高超的工程技术能力,设计出的飞机至今仍然服役在战斗机的行列中。

▲ 苏-15 苏霍伊的飞机作品之一

攻击机

　　攻击机又称强击机，是一种专门用于攻击地面目标的作战飞机。其机腹上装有一层厚厚的装甲，用来抵挡地面的炮火袭击。攻击机是战场上速度最快的空中杀手，其高速、精准的攻击风格，使它成为名副其实的"空中猎鹰"。世界著名的攻击机有美国的 A-10、苏联的苏-25 和法国的"超军旗"等。

▲ A-7"海盗 II"攻击机

✈ 强行实施攻击

　　攻击机之所以也叫"强击机"，即能够不畏敌人的地面炮火强行实施攻击的战斗机。攻击机不像多数战斗机那样沉溺于空中的厮杀，而是在广阔的天空中搜寻地面的猎物，然后以极快的速度打击地面目标。攻击机在一些作战情况下的对地攻击甚至比轰炸机作用还要大。

✈ 主要特点

　　攻击机的特点是有良好的低空和超低空稳定性和操纵性；良好的下视界，便于搜索地面小型隐蔽目标；有威力强大的对地攻击武器，除机炮和炸弹外，还包括制导炸弹、反坦克集束炸弹和空对地导弹等；飞机要害部位都有装甲保护，以提高飞机在地面炮火攻击下的生存力；起飞着陆性能优良，能在靠近前线的简易机场起降，以便扩大飞机支援作战的范围。

新知词典

喷气时代早期最著名的攻击机——A-4 攻击机

　　美国的A-4攻击机是早期喷气式攻击机中最为著名的攻击机，它的绰号为"空中之鹰"。该机是美国道格拉斯公司所设计的一种舰载攻击机，原型机为 A-4D。它是在吸取朝鲜战争的经验的基础上研制的，能对地面目标进行战术攻击和常规轰炸。它于1952年开始设计，第一架原型机 XA-4A 于1954年6月首次试飞，于1956年10月交付美国海军使用，至今已经问世60多年。

▲ A-4C 攻击机

　　A-4攻击机问世后，因其出色的飞行性能而受到青睐，先后出口许多国家，并有幸成为美国海军"蓝色大使"空中特技表演队的专用机种。1982年，在英阿马岛战争中，阿根廷空军装备的 A-4 宝刀不老，一举击沉英国现代化导弹驱逐舰"考文垂"号，创造了战争史上的奇迹。

　　目前，在世界各地还有数百架左右的 A-4 攻击机正在服役，主要用于对海上和沿岸目标进行常规轰炸，执行近距离支援和浅纵深遮断任务。

▲ A-1H 攻击机

✈ 强调生存能力

攻击机在作战中一般都用歼击机掩护，但这种掩护极不可靠的。因为从战术讲，不同高层的战术配合是不易达成的。况且用价格昂贵的歼击机去执行这种掩护，从效费比上也不合适。因此，在攻击机发展与完善中应特别强调其生存能力。

✈ 容易被击落

攻击机是强行突破敌防空火力对敌实施攻击的，在战场上很容易受到对方攻击。也就是说，攻击机非常容易被击落，因此攻击机的要害部位一般都装有装甲防护。在越南战争中，美国在越南防空抵抗力不太强的情况下，在两年时间就损失了 182 架攻击机，曾经在当时参战的 A-1 攻击机几乎丧失干净。

▲ EA-6B"徘徊者"电子攻击机

✈ 用途更加明确

现代攻击机有亚声速的，也有超声速的，正常载弹量可达 3 吨。而有的新型攻击机已具有垂直和短距离起落能力，如苏联的雅克-38 和英国的"鹞"式攻击机。如今，在国外执行空中战役战术纵深攻击任务，一般都用战斗轰炸机，而实施近距空中支援攻击任务，则用攻击机。

▲ 雅克-38 垂直起落

▼ 美国 A-10 攻击机

攻击机的早期发展

在一战期间，那些驾驶着装有机枪的战斗机的飞行员们创造了一种战术——以机枪扫射敌方的战壕及小型目标。飞机从低空掠过敌方的阵地，并向地面扫射，对敌方士兵的士气是一种严重挫伤，也具有很大杀伤力。这种情况下，急需一种能够在低空飞行并且可以专门攻击地面小型目标的作战飞机——攻击机应运而生。

✈ 最早的攻击机

最早的攻击机是由德国容克公司研制的容克 JI 型飞机，它于 1915 年 12 月 5 日首次试飞。它是一种装有铝合金蒙皮和防护装甲的双翼机，也是最早的全金属飞机。机上装有机枪，载有少量炸弹，在执行危险的低空近距离火力攻击中，显示了良好的性能和作战效果。此后到了20 世纪 30 年代，纳粹德国为准备新的大战，又发展了新的攻击机——容克-87 和亨舍尔-123。当时，这些攻击机又称为"俯冲轰炸机"。

▲ 亨舍尔-123V 原型机

▲ 容克-87 俯冲轰炸机

✈ 二战时期的攻击机

二战爆发后，苏联、美国和日本也研制了本国的攻击机。苏联攻击机强调对地面装甲防护的性能，美、日则是发展对舰艇进行鱼雷攻击和俯冲轰炸的攻击机。二战中，德国首先使用容克-87 俯冲轰炸机（即斯图卡俯冲轰炸机）攻击行军纵队和坦克等，直接支援地面部队作战。在战争后期，这种飞机增设装甲，配备 37 毫米口径的航空机关炮，专门用于低空反坦克作战。

▼ 二战时期的 A-20G 攻击机

经典问答

伊尔-10 攻击机

　　伊尔-10是苏联伊留申设计局于1943年在伊尔-2基础上改型研制的双座攻击机。它仍保持了伊尔-2的气动外形和几何尺寸，但各种性能比伊尔-2有大幅度提高，是一种完全重新设计的飞机。与伊尔-2不同，伊尔-10改为全金属结构，加强了装甲，换装了功率更大的发动机，提高了飞行速度。1944年4月18日首飞，8月投入批量生产。曾参加卫国战争最后阶段的战斗，战后继续生产，总产量达4 966架。其还曾经输出国外参与朝鲜战争，并授权捷克斯洛伐克生产，称为B-33轻型轰炸机，共生产了1 200架。

▲ 伊尔-10M 也是伊尔系列攻击机之一

▲ 伊尔-2

✈ 苏联在二战时的攻击机

　　二战中，苏联广泛使用伊尔-2攻击机，在支援部队作战方面发挥了很大作用。这种飞机的机身前部装有防弹钢板，将发动机、油箱、驾驶员射击员完全保护起来，能够免受小口径枪弹的伤害。机上装有机枪、机炮、火箭弹，并能携带600千克航空炸弹。1944年末，苏联又生产出其改型机伊尔-10攻击机。

✈ 喷气时代的攻击机

　　攻击机在二战中多次局部战争的实践表明，在复杂气象或暗夜条件下攻击机搜索小型目标的能力还有待进一步加强。另外，武器的性能还需要提高，自卫能力包括装甲和电子干扰设备等也需不断加强和改进。因此二战结束后，攻击机家族为顺应时代的发展，也进入了喷气时代。正是在这一时期，"战场杀手"又添了一个同族"兄弟"——战斗轰炸机。从此，两"兄弟"比翼齐飞，争奇斗艳，以一个个空中奇迹，为飞机家族写下壮丽的诗篇。

▼二战后的 A-4C 喷气式攻击机

二战后攻击机的发展

20世纪50年代中期，苏联取消了攻击机，代之以歼击轰炸机。50年代末、60年代初，攻击机家族迈进了第二代，其代表机型是美国的A-6"入侵者"。该机是由美国格鲁门公司研制生产的，1963年开始服役，先后改装了多种型号，总计生产了740架。在越南战争中，A-6开始崭露头角。在1991年的海湾战争中，有48架A-6和30架由它改装的EA-6B电子战飞机飞赴疆场，为多国部队赢得战争胜利立下了汗马功劳。

▲ 阿根廷的"超军旗"攻击机

✈ 第三代攻击机

在第三代攻击机中，英、法联合研制的"美洲虎"攻击机和法国研制的"超军旗"攻击机也值得圈点。特别是在英阿马岛战争中，阿根廷空军的"超军旗"攻击机用"飞鱼"反舰导弹一举击沉英国现代化的驱逐舰"谢菲尔德号"后，"超军旗"战机更是名噪一时。在第三代攻击机中，苏联的苏-25也属佼佼者。该机是苏霍伊设计局为苏联空军研制的亚声速近距支援攻击机，目前有T、K、UB、UT等改进型，出口朝鲜、伊拉克等国。

▲ 美国A-10攻击机

✈ 各国装备

美国因为在中东以及亚洲部分地区有战场，因此攻击机种类非常多。比较著名的有A-10，常常活跃于中东战场。苏联在对阿富汗战争中，曾使用他们国家唯一的近空支援攻击机——苏-25。该机拥有完备的对地攻击模式，之后最新型号苏-39在更新了大量的电子设备后，能力完全能超越美军的A-10。该机现在的使用国除俄罗斯外，还有乌克兰、哈萨克斯坦、伊拉克、伊朗、朝鲜等。英国的"鹞"式攻击机出口到美国叫做AV-8B，该机拥有垂直起降功能，发展到后来的"海鹞"，部署于海军。

A-6"入侵者"

✈ 中国装备

　　中国空军于 1950 年开始装备攻击机。中国真正意义上的攻击机只有强-5，其它像歼-7、飞豹等都属于战斗机范畴，不属于攻击机。强-5 是由中国南昌飞机制造公司于 20世纪 60 年代研制的轻型超声速攻击机，是一种单座双发动机的低超声速飞机，主要用于低空、超低空对地面或水面战术、战役纵深目标和有生力量进行攻击，直接支援地面部队作战。该机性能在长达 40 余年的生产、服役经历中不断得到改进和提高，至今仍是中国和一些第三世界国家前线航空兵的主力机种。

✈ 前景展望

　　随着技术的发展和战场环境的不断变化，攻击机和战斗轰炸机的地位可能要发生一些变化。在未来的空中战场上，单用途的攻击机的地位将会有所下降。与此相反，多用途的战斗轰炸机发展势头强劲。这一趋势在第三代战斗机中已经有所体现。比如，F-15、苏-27 等基本上都是一机多型。已经问世的第三代半战斗机如苏-37、"台风""阵风"等和第四代战斗机不仅有较强的空战能力，同时还具有强大的对地攻击能力。

英国现役台风战斗机

 经典问答

你听过可以改装成攻击机的 L-15 教练机吗？

　　L-15 教练机，代号"猎鹰"，是中国中航工业洪都航空工业集团公司自主按照国际标准设计研发的一种单座双发超声速高级教练机。

　　L-15 教练机被认为是我国最便于改装为轻型攻击机的一种机型，研制目标就是为苏-27 等第三代战斗机培养飞行员，优秀的设计使其具有巨大的改装潜力。

　　该机于 2006 年 3 月首飞成功，具有典型的第三代战斗机特征，并具有一定的对地攻击能力，可以较好地完成苏-27 等三代战机的飞行员培养任务，而且其气动布局设计可以使其在外挂条件上比歼-10更加从容，而且双发的设计也提高了安全性，改为攻击机的潜力很大。

攻击机的任务和装备

和轰炸机一样，攻击机也是攻击敌方的地面力量。它有良好的机动性能和野战性能，可以携带重火力，是对地攻击中的一种主要空中支援。它也是地面装甲车和坦克的克星，因此打击敌军地面机动力量也成为攻击机的重要任务之一。作为地面杀手的攻击机，其携带的最有代表性的武器就是空对地导弹。

▲ 容克-87正以俯冲轰炸机去炸毁坦克

✈ 地面部队的好帮手

攻击机是地面部队的好帮手，多用于直接支援地面部队作战，摧毁敌方战术纵深内的防御工事、坦克、地面雷达、炮兵阵地、前线机场和交通枢纽等重要军事目标。在现代战争中，攻击机已经成为地面进攻部队的最佳火力支援。在地面部队遭到重火力威胁或者大批敌人抵抗的时候，只要标注敌方火力坐标，就可以呼叫攻击机前来支援。而攻击机的最大优点就是可以在野战机场起降，应用更加灵活。

✈ 与歼击轰炸机的区别

攻击机与歼击轰炸机的区别在于突防手段和空战能力的不同。攻击机的突防，主要靠低空飞行和装甲保护，歼击轰炸机则主要靠低空高速飞行；攻击机一般不宜用于空战，而歼击轰炸机具有空战能力；此外，攻击机可在野战机场起降，而歼击轰炸机一般需在正规机场起降。

▼ "鹞"式强击机

✈ 武器配置

现代攻击机最大飞行速度不超过声速，正常载重量可达8吨，机上装有红外观察仪或微光电视制导等光电搜索瞄准设备和激光测距器、火控系统等。有的新型攻击机已具有垂直和短距离起落能力，如苏联的雅克-38和英国的"鹞"式攻击机。攻击机携带的主要是空对地导弹，其中不乏一些军事爱好者耳熟能详的名字，比如"小牛""海鹰"和"鸬鹚"等外号响亮的空对地导弹。

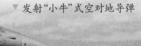

▼ 发射"小牛"式空对地导弹

攻击机装备的武器之——"小牛"空对地导弹

"小牛"空对地导弹,又称幼畜空地导弹,是由美国空军航空系统局 AGM-65 系统项目办公室负责的项目,由休斯飞机公司和雷锡恩公司研制并生产。它是美国空军、海军和海军陆战队使用的空地导弹,代号为 AGM-65。到目前为止,发展了 A、B、C、D、E、F、G、H 共 8 种型号,形成了庞大的"小牛"导弹家族。

该空对地导弹可精确打击点状目标,主要用于攻击坦克、装甲车、导弹发射场、炮兵阵地、野战指挥所等小型固定或活动目标,以及大型固定目标。"小牛"导弹在越南战争、中东战争中使用,命中率达到87%以上。

▲"小牛"空对地导弹

✈ 采用机枪装备的攻击机

现代攻击机很少装备机枪,因为其射程太短,威力不足以对付装甲目标,但也有例外,比如阿根廷的"普卡拉"攻击机多数情况下对付的是游击队性质的目标,因此保留了机枪武器,此外,它还安装了两门机炮,可携带炸弹、火箭弹发射器、机炮吊舱和副油箱等。在马岛战争中,该型飞机在战场上非常活跃,这种速度缓慢、看似落后的螺旋桨式飞机,却创造了令人刮目相看的战绩,不过其在战争中的损失也非常严重。

✈ 与直升机协同作战

攻击机有时候也可以和直升机等战机协同作战,它还是航空母舰上的常客。由于舰队对地面的攻击力有限,从航空母舰上起飞的攻击机就成为海军对陆地攻击的延伸,同时也是在海上作战的时候攻击敌方战船的最佳武器。攻击机也具备一定的空战能力,可以进行舰队的空中防卫工作。

▼ F/A-18 从航空母舰上起飞

世界著名的攻击机

攻击机有良好的机动性能和野战性能,可以携带重火力,是对地攻击中的一种主要空中支援。它也是地面装甲车和坦克的克星,因此打击敌军的地面机动力量也成为攻击机的重要任务之一。从一战至今,攻击机以其非凡的攻击力,在空战中立下了赫赫战功。世界著名的攻击机有A-10、苏-25、"美洲虎"等。

▼ A-10攻击机

✈ 苏-25攻击机

苏-25攻击机由苏联于1968年开始研制,1978年投入批量生产,1980年投入阿富汗战场试用。苏-25攻击机的特点是火力强、防护性能好,机翼下共有10个挂架,可携带各种空对地导弹、火箭弹、集束炸弹等,也可带2枚AA-2空空导弹或AA-8空空导弹,总载弹量为4.4吨。

▼ 苏-25攻击机

✈ "坦克杀手"——A-10攻击机

A-10攻击机是当今世界上最著名,也是最完美的攻击机之一。它是美国20世纪70年代研制的亚声速空中支援攻击机,主要用于攻击坦克群和战场上的活动目标及重要火力点,被称为"雷电"。它虽然看起来并不像它的名字那么凶悍,甚至因为外形丑陋被美国空军戏称为"疣猪",然而正是这种独特的外形和装甲赋予了它强大的生存能力,加上其强大的火力和大载弹量,让它成为了"空中的坦克"。A-10战绩卓越,它首次出现在海湾战争中就取得了很好的战绩。曾有一个双机A-10编队在一天中就摧毁了23辆伊拉克坦克,使其赢得了"坦克杀手"的美称。

✈ 苏-25攻击机在战场上的表现

1982年,在阿富汗战场上,苏-25攻击机取得了良好的战绩。在这次实战中,苏-25攻击机从A型演化为B型,从油箱到火控雷达都做了更新。正式定型为苏25-B的攻击机成为苏联空军的主要作战力量,结束了美国A-10的优势地位,让两国近距离支援攻击机的实力逐渐拉平。

▲ "美洲虎"攻击机

✈ "美洲虎"攻击机

"美洲虎"攻击机是一种英、法两国联合开发的双发多用途攻击战斗机。1964年，英国与法国达成协议，由英国飞机公司与法国达索公司合资成立SEPECAT，共同研发"美洲虎"多用途战机。1968年，首架原型机"美洲虎"式A型在法国试飞成功，"美洲虎"式B型则于1971年试飞成功，1973年交付英国空军，1975年交付法国空军。在此后1991年的海湾战争中，"美洲虎"曾大显身手。

✈ "全季节战机"A-6系列攻击机

A-6系列攻击机是美国海军的双座全天候重型舰载攻击机，1963年A-6A系列攻击机开始装备部队，主要部署在航空母舰上，随航空母舰部署到各个战区。该攻击机具备特殊强韧的攻击力，足以适应自赤道非洲至极地间全域带作战的需要，尤以担任夜间或恶劣天气下的奇袭任务而著称。A-6攻击机使用大量攻击武器，自低空高速突防，对敌地面目标进行攻击。

A-6攻击机

经典问答
你听过名噪一时的"超军旗"攻击机吗?

"超军旗"攻击机是法国于20世纪70年代研制的一种舰载攻击机，是"军旗"IVM攻击机的改进型，1978年开始装备法国海军。"超军旗"装备了多种威力强大的武器，包括两门30毫米"德发"机炮、2枚"魔术"空对空导弹、1枚"飞鱼"式反舰导弹等。

就性能而言，"超军旗"攻击机与同时代的著名的舰载机F-14"雄猫"、F/A-18"大黄蜂"和"海鹞"相比较，实在没有突出之处。可是，它的实战战果却比其它三种战机的总和还要丰硕，尤其是在1982年的马岛战争中，它立下了赫赫战功，名噪一时。在后来的波斯湾事件中，伊拉克也被"超军旗"攻击机击伤、击沉不少油轮，足以证明了该机性能的优越性。

▲ F/A-18C

轰炸机

　　轰炸机是以攻击敌方陆地或者水面目标为主要任务的军用飞机,是最早用于战争的一种机型。现在,轰炸机是战争开始之初的先锋队,可携带炸弹、导弹、空对地导弹、空舰导弹、鱼雷甚至核武器,是航空兵实施空中突击的主要机种。现代轰炸机还装有受油设备,可进行空中加油。

✈ 第一架专用轰炸机

▼ 图-160

　　1913 年 2 月 25 日,俄国人伊戈尔·西科斯基设计的世界上第一架专用轰炸机首飞成功。这架被命名为"伊里亚·穆罗梅茨"的轰炸机共装有 8 挺机枪,最多可载弹 800 千克,机身内有炸弹舱,并首次采用电动投弹器、轰炸瞄准具、驾驶和领航仪表。第二年 12 月,俄国用"伊里亚·穆罗梅茨"组建了世界第一支重型轰炸机部队。1915 年 2 月 15 日,俄国首次使用该机空袭波兰境内德军目标。截至 1917 年十月革命俄国退出大战,这种飞机共执行过 420 多次作战任务,投弹 2 000 余枚。

✈ 轰炸机家族

　　轰炸机按作战任务可以分战略轰炸机和战术轰炸机;按载弹量以体型质量来区分,大致可分为轻型轰炸机、中型轰炸机与重型轰炸机;按机载武器可以分为核轰炸机、巡航导弹轰炸机和常规轰炸机;按航程可分为近程、中程、远程轰炸机。此外,随着轰炸机的特征不断增多,还可分为隐身与非隐身轰炸机、超声速与亚声速轰炸机、可变后掠翼与非可变后掠翼轰炸机等。

▼ B-1B 轰炸机

名人小传

伊戈尔·伊万诺维奇·西科斯基

伊戈尔·伊万诺维奇·西科斯基是俄国著名的飞机和直升机设计师。他于1889年5月25日出生于俄国的基辅，是家中五个孩子中最小的一个。他的父亲是一名心理学教授，母亲是一名医生。他从小就喜欢机械，并制作模型飞机。

12岁时，西科斯基就成功制作出了一个用橡皮筋作为动力的直升机。成年后，他设计出了世界第一架专用轰炸机"伊里亚·穆罗梅茨"。后来，他移居美国，在那里组建了西科斯基航空工程公司。1972年10月26日，西科斯基在美国康涅狄格州伊顿市逝世，终年84岁。他传奇的一生正如他所说过的一句话："人类征服天空发明飞行器是最令人引为自豪的伟大成就，而这成就起源于人类的一个梦想。这个梦想让人想象，最后通过人得以实现。"

▲ 伊戈尔·伊万诺维奇·西科斯基

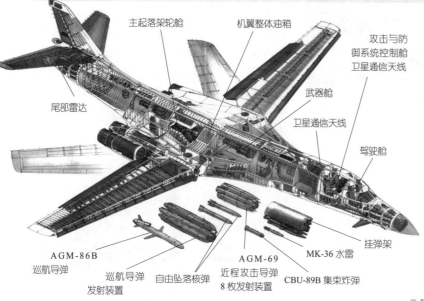

主起落架轮舱
机翼整体油箱
攻击与防御系统控制舱
卫星通信天线
武器舱
尾部雷达
卫星通信天线
驾驶舱
AGM-86B 巡航导弹
巡航导弹发射装置
自由坠落核弹
AGM-69 近程攻击导弹 8枚发射装置
CBU-89B 集束炸弹
MK-36 水雷
挂弹架

▲ 轰炸机结构

✈ 现代轰炸机的构造

现代轰炸机通常由机体结构、动力装置、武器系统、机载电子设备和特种设备组成。目前，世界各国着重发展的是超声速变后掠翼战略轰炸机和高亚声速隐身战略轰炸机，它们都装有先进的自动导航系统、地形跟踪系统、火控系统和电子对抗设备。

▼ B-1B 机组人员对飞机进行调试

✈ 机组人员

轰炸机的机组成员在一战中只有1~2名。到了二战时期的重型轰炸机，像B-29的机组成员多达14个。不过，现代轰炸机的机组成员又减少了，如战略轰炸机B-1B只需要3~4名机组人员。

✈ 未来的轰炸机

为提高自身的全球打击和精确打击能力，未来的轰炸机将拥有更好的隐身能力、改良的自卫系统以及更先进的火力系统。体积更小、质量更轻的轰炸机将取代巨大的重型轰炸机，尤其是在远离基地的战场上，无人机将取代有人驾驶的轰炸机。

轰炸机的任务

　　轰炸机具有突击力强、航程远、载弹量大、机动性高等特点,是航空兵实施空中突击的主要机种。轰炸机是一座空中的堡垒, 它的任务是用炸弹、鱼雷或空对地导弹以轰炸的方式打击对方的所有地面、水面目标。轰炸机携带不同的武器可以完成不同的作战任务,机上的火控系统可以保证轰炸机具有全天候轰炸能力和很高的命中精度。

▲ B-52 投放炸弹

✈ 装备和作战过程

　　轰炸机上装备有各种炸弹、航弹、空对地导弹、巡航导弹、鱼雷、航空机关炮等机载武器。轰炸机会破坏敌方战略设施,如桥梁、工厂、船坞、电站等,当它飞抵目标区域后, 通过地面明显的参照物或导航设备来确认目标,然后实施投弹任务。

✈ 二战中的轰炸任务

　　二战中, B-24 轰炸机和 B-17 轰炸机一起,成为对德国进行大规模战略轰炸的主力。B-24轰炸机还参与了对汉堡、柏林、法兰克福、鲁尔等重要地区的轰炸战役。在战争后期, B-24轰炸机更多投入远东战区,不仅执行战略任务,也参加战术打击行动。B-24 轰炸机还用于越法战争、朝鲜战争等局部地区冲突。

▲ B-24 轰炸机

经典问答

世界上第一次空中轰炸是哪一次?

　　飞机作为军用是从侦察开始的,空中侦察的作用是无可置疑的,在侦察飞行中顺便甩几颗手榴弹或迫击炮弹就成了"轰炸机"的开端。在飞机用于军事后不久,人们就开始做用飞机轰炸地面目标的试验。

　　1911 年 11 月,意大利的加福蒂中尉驾驶一架"朗派乐-道比"单翼机向土耳其军队投掷了 4 枚重约 2 千克的手榴弹,虽然战果甚微,但这是世界上第一次空中轰炸。这次轰炸任务都是由经过改装的侦察机来进行的。炸弹或炮弹垂直悬挂在驾驶舱两侧,等接近目标时,飞行员用手将炸弹取下向目标投去,其命中精度可想而知。到后来一战期间,轰炸机得到广泛使用,并在此后迅速发展起来。

✈ B-2 轰炸机的作战任务

B-2 轰炸机的作战任务有三个方面：一是不被发现地深入敌方腹地，高精度地投放炸弹或发射导弹，使武器系统具有最高效率；二是探测、发现并摧毁移动目标；三是建立威慑力量。美国空军扬言，B-2 轰炸机能在接到命令后数小时内由美国本土起飞，攻击世界上任何地区的目标。

▲ B-2 于 1994 年在太平洋训练投弹

▲ 美国 B-2 轰炸机

◄ 高射炮

✈ 轰炸机的天敌

轰炸机也会遇到对手，例如战斗机、高射炮、地对空导弹、空对空导弹等，这些都是轰炸机最大的敌人。现代轰炸机很容易遭到导弹袭击，对那些从地面发射的地空导弹、从飞机上发射的空对空导弹、从舰船上发射的防空导弹等,轰炸机都需要小心应付。

✈ B-25 米切尔型轰炸机

B-25 米切尔型轰炸机是一种上单翼、双垂尾、双发中型轰炸机，于 1938 年由北美航空公司设计研发的。为了纪念早年的航空战略家威廉·米切尔，这种飞机就以他的名字来命名。B-25 轰炸机主要由美国陆军航空队配备，美海军也配备相当数量的 B-25 轰炸机，主要用来对付太平洋上的日本。在二战中，"黄蜂"号航母搭载 16 架 B-25 轰炸了日本本土。通过租借法案，英国皇家空军、苏联空军、澳大利亚、荷兰等地也拥有为数不少的 B-25。

▼ B-52 轰炸机

战略轰炸机

　　战略轰炸机是指用来执行战略任务的远程轰炸机。与战术轰炸机不同,一般来说,战略轰炸机是对敌国的重大战略目标(如核设施、经济中心等)进行轰炸,攻击敌方的纵深目标,最大限度瓦解敌方的抵抗意志,削弱其战争潜力。

▲ B-1B

✈ 诞生于一战

　　一战中期已经出现了专门研制的轰炸机,但真正开始使用飞机专门轰炸特定目标的是德国人。1917 年,德国对伦敦和英格兰南部的持续轰炸,特别是夜间轰炸,开创了一个残酷杀伤平民百姓的先例,并引起英国后来的报复,从此就有了"战略轰炸机"这一称呼。

✈ 强大的功能

　　战略轰炸机是战略核力量的重要组成部分,也是大量核武器的主要运载工具之一。它的特点是载弹量大、航程远、多人机组,既能带核弹,也能带常规炸弹;既可以近距离投放核炸弹,又可远距离发射巡航导弹;既可以做战略进攻武器使用,在必要时也可以实施战术轰炸任务,支援陆、海军协同作战。

▲ 战略轰炸机空袭海域

✈ 不可小觑的威慑力

　　战略轰炸机作为"三位一体"的核力量,是一个政治大国不可缺少的政治手段。即使在和平时期,它也具有不可小觑的威慑力量,任何一个大国都不会忽略它的存在。进入 21 世纪,地球上共有五个拥有战略轰炸机的国家:美国、俄罗斯、印度、中国、伊拉克(最后一架轰-6,于 2003 年战争中被毁)。

俄罗斯图-95

✈ 战略轰炸机的发展

导弹的出现使远程轰炸机可以距离目标上千千米发射导弹，大大减少了自身被击落的危险。新的精确制导武器与远程轰炸机结合，使作战效力成倍提高。轰炸机在目标区附近一次通过即可准确地炸中多个目标，或者投下许多炸弹全部命中一个小目标。

▲ B-52 轰炸机

✈ B-52 轰炸机

B-52 轰炸机，又叫美国 B-52 "同温层堡垒"战略轰炸机，是由美国波音飞机公司研制的，也是美国空军服役时间最长的亚声速远程战略轰炸机，主要用于执行远程常规轰炸和核轰炸任务。它于1948 年开始设计，1955 年开始装备部队。B-52 轰炸机共生产了 744 架，现在 B-52 和 B-1B、B-2 轰炸机一起共同组成了美国空军的战略轰炸机部队。

✈ 图-160 战略轰炸机

图-160 战略轰炸机是苏联最后一代、俄罗斯第一代远程战略轰炸机。它于 20 世纪 70年代初由图波列夫设计局开始设计，1981 年 12 月首次试飞，1985 年开始服役，具有速度快、航程远、载弹量大等优点。图-160 轰炸机的弹舱内可载自由落体武器、短距攻击导弹或巡航导弹等，机上有两个 12.8 米长的武器舱，武器舱内的旋转发射架可各带 6 枚巡航导弹。

▼ 图-160

经典问答

图波列夫设计局主要是生产轰炸机吗？

图波列夫设计局，现在的全名为图波列夫航空科学技术联合体(ANTK)，该设计局与米高扬设计局、苏霍伊设计局一样，也是享誉世界的著名设计局。它的专长是设计大型轰炸机和客机。该设计局由著名的苏联上将工程师安德烈·尼古拉耶维奇·图波列夫于1922 年创立，总部位于俄罗斯莫斯科。

1920 年开始，该设计局负责全金属制定翼机的研发，这段时期图波列夫最为人瞩目的设计就是重型轰炸机。后来，图波列夫设计并领导了多年大型军用和民用飞机的开发。图波列夫设计局所设计的飞机多以"图"字打头，在俄罗斯现役的轰炸机中，主要有5 种型号，它们分别是图-16、图-95、图-22、图 M-22 和图-160。

▲ 图-95

战术轰炸机

　　战术轰炸机是指部分体型较小的轰炸机，主要用于战术轰炸，对敌方前线阵地、供应线和各种活动目标进行轰炸，消灭敌方的有生力量和武器装备，为地面部队的进攻创造有利条件。著名的战术轰炸机包括二战期间的B-25、B-26，近代的有美国的B-5、F-105，英国的"堪培拉"和苏联的苏-24"击剑手"等战术轰炸机。

✈ 小机型小目标

　　相对战略轰炸机来说，战术轰炸机机型较小，多半是中型或者是轻型设计，主要特征是航程近、载弹量小，主要针对较小的战术目标，完成的任务也很小。其载弹量与航程远低于战略轰炸机，其起飞质量多在20~30吨，航程在3 000千米以下。

▲ 二战时期的F4U战术轰炸机

▲ B-26

✈ 最受争议的机型之一

　　B-26"劫掠者"是二战中美国最受争议的机型之一。由于翼载偏高，着陆速度过大而频繁引发训练事故，因而恶名不断。为此"劫掠者"在服役中曾四次面临停产的局面，但每一次都能化险为夷。实际上，B-26轰炸机是欧洲战场上陆军航空队最重要的中型轰炸机，到1944年航空队发现B-26轰炸机是欧洲战场上战损率最低的美军飞机，每百架次出击损失少于1.5架。

✈ F-105

　　F-105"雷公"轰炸机是美国20世纪60年代主流超声速战术轰炸机。该机基本上延续F-100战机的超声速概念，通常装备导弹和机炮。它首飞于1955年，服役于1958年，是当时最大的美军单坐战机，载弹量还超过二战时期的许多战略轰炸机，如B-17，B-24和B-29轰炸机等。

◀ F-105D

新知词典

英国"堪培拉"轰炸机

▲ B-57F

英国"堪培拉"轰炸机是英国皇家空军第一种轻型喷气式轰炸机。1945 年开始设计，第一架原型机 VN-799 于 1949 年 5 月 13 日首次试飞，1951 年 1 月开始装备部队。

"堪培拉"共生产了 1 352 架，其中 901 架是在英国生产的，澳大利亚获得许可证后制造了 48 架，美国获得许可证制造了 403 架（美国编号是 B-57）。到 1985 年，绝大部分"堪培拉"轰炸机已经退出现役，只有英国皇家空军保留约 170 架，主要用于执行非轰炸性任务。具有讽刺意义的是，在 1982 年马岛战争期间，阿根廷空军使用"堪培拉"轰炸机对当时驻守的英军进行过 54 架次轰炸。

"堪培拉"轰炸机在非洲也得到广泛使用，前英国殖民地南非、南北罗得西亚、埃塞俄比亚等国都大量利用该机参加与邻国的战争。其中津巴布韦空军（独立前称南罗得西亚）、赞比亚空军（独立前称北罗得西亚）独立后都取得一定数量的"堪培拉"轰炸机。中国航空博物馆展出的"堪培拉"就是津巴布韦空军赠送的。

✈ 苏-24 轰炸机

▲ 苏-24

苏-24 轰炸机是苏联苏霍伊设计局于 20 世纪 60 年代开始设计的低空超声速双座前线轰炸机，执行全天候前线战术轰炸任务。该机于 1970 年首飞，1974 年开始交付苏联空军。苏-24 轰炸机总制造数量逾千架，外销阿尔及利亚、苏丹、利比亚和叙利亚，其频繁活跃在苏俄及其引进国大小军事事件中。目前，约有 900 架苏-24 轰炸机在俄罗斯空军服役。

✈ 发展现状

二战结束后，战斗机和攻击机的体积和载弹量逐渐增大，空中加油技术也日臻成熟，战术轰炸机日益丧失其技术上的优势，因而逐渐被战斗机和攻击机所取代。从 20 世纪 50 年代中期起，世界各国逐渐停止研制战术轰炸机，转而开始研制歼击轰炸机。

▼ 苏-34

世界著名的轰炸机

　　轰炸机具有非凡的突击力和打击力,特别是在二战中,轰炸机是重要的空中进攻力量,它的发展达到了黄金时代。而当时以美国设计制造的轰炸机型号最多,数量最大。世界著名的轰炸机有 B-2A "幽灵"、B-1 "枪骑兵"、图-22M "逆火"、B-52G/H "同温层堡垒"、图-16 轰炸机等。

▲ B-2A "幽灵"

✈ B-2A "幽灵"轰炸机

　　B-2A "幽灵"是美国诺斯罗普公司研制的隐身战略轰炸机,主要作战任务就是利用其优异的隐身性能,从高空或低空突破敌方的防空系统,对战略目标实施核轰炸或常规轰炸。该机可进行空中加油,两个内置武器舱内的旋转式发射架一共可带 16 枚 SRAM Ⅱ 短距攻击导弹或 AGM-129 先进巡航导弹以及各种核弹或常规炸弹。

✈ B-1 "枪骑兵"轰炸机

　　B-1 "枪骑兵"轰炸机,是美国空军在冷战末期开始使用的超声速变后掠翼远程战略轰炸机。它由北美航空于 20 世纪 70 年代研制,1974 年首次试飞,于 1985 年服役。因为 B-1 读作 "B—One" 而常常被昵称为 "骨头"(Bone)。B-1B 是其主要的改型,目前仍有几十架轰炸机在美国空军服役,是美国空军战略威慑的主要力量之一。

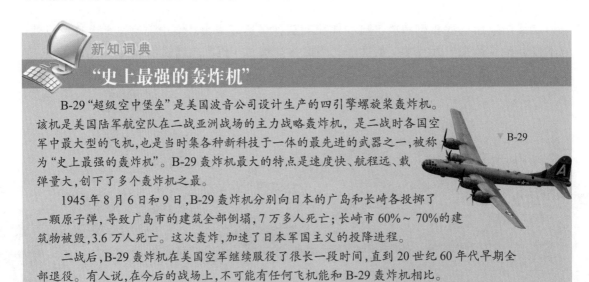

新知词典

"史上最强的轰炸机"

　　B-29 "超级空中堡垒"是美国波音公司设计生产的四引擎螺旋桨轰炸机。该机是美国陆军航空队在二战亚洲战场的主力战略轰炸机,是二战时各国空军中最大型的飞机,也是当时集各种新科技于一体的最先进的武器之一,被称为 "史上最强的轰炸机"。B-29 轰炸机最大的特点是速度快、航程远、载弹量大,创下了多个轰炸机之最。

B-29

　　1945 年 8 月 6 日和 9 日,B-29 轰炸机分别向日本的广岛和长崎各投掷了一颗原子弹,导致广岛市的建筑全部倒塌,7 万多人死亡;长崎市 60%~ 70% 的建筑物被毁,3.6 万人死亡。这次轰炸,加速了日本军国主义的投降进程。

　　二战后,B-29 轰炸机在美国空军继续服役了很长一段时间,直到 20 世纪 60 年代早期全部退役。有人说,在今后的战场上,不可能有任何飞机能和 B-29 轰炸机相比。

▲ 图-22M

✈ 图-22M 轰炸机

图-22M 轰炸机, 绰号 "逆火", 是苏联图波列夫设计局 (现俄罗斯联合航空制造集团) 研制的超声速可变后掠翼远程战略轰炸机, 是图-22 轰炸机的改进型。图-22M 轰炸机在苏联解体时大约生产了 370 架, 其中装备苏联空军 210 架, 苏联海军 160 架。现有约 162 架仍在俄罗斯服役。俄军计划在 2025 年至 2030 年服役新型轰炸机, 俄罗斯 PAK-DA 隐身战略轰炸机将取代图-95 轰炸机、图-22M3 和图-160 轰炸机。

▲ 图-16

✈ 图-16 轰炸机

图-16 轰炸机是图波列夫设计局于 1950 年设计的一种双发高亚声速战略轰炸机。该机是根据能对西欧北大西洋公约组织成员国的重要军事目标进行战略轰炸的要求而设计的, 其性能和尺寸大致和美国的 B-47、英国的 "勇士""火神" 和 "胜利者" 轰炸机相当。该机有图-16A、B、C、D、E、F、G、H、J、K、L 等多种型号, 除主要作为轰炸机使用外, 还被改装担负空中侦察、空中加油等任务, 1966 年开始退役。

✈ 舰载无人轰炸机

2011 年 2 月 4 日, 美国 X-47B 型舰载隐形无人攻击机在加利福尼亚州爱德华兹空军基地首飞成功。X-47B 无人机不仅是人类历史上第一架无需人工干预、完全由电脑操纵的 "无尾翼、喷气式无人驾驶飞机", 也是第一架能够从航空母舰上起飞并自行回落的隐形轰炸机, 被称为未来航母上的隐形杀手。

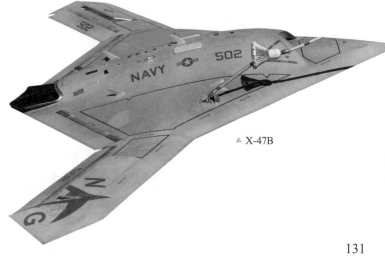

▲ X-47B

侦察机的发展

　　侦察机被称为"空中间谍"，是专门用来从空中进行侦察、获取情报的军用飞机，是现代战争中的主要侦察工具之一，也是军用飞机大家族中历史最长的机种。在早期战场上，飞机最早投入战场所执行的任务就是进行空中侦察。

✈ 早期的侦察机

　　侦察机的历史比战斗机还要早，在飞机首次使用于战场之前，许多国家已经使用气球协助炮兵射击与标定目标。1910年6月9日，法国陆军的玛尔科奈大尉和弗坎中尉驾驶着一架亨利·法尔曼双翼机进行了世界上第一次试验性的侦察飞行。这架飞机本是单座飞机，由弗坎中尉钻到驾驶座和发动机之间，手拿照相机对地面的道路、铁路、城镇和农田进行了拍照。可以说，从这一天起，最早的侦察机便诞生了。

▲ 一战时期的侦察机

✈ 最早的运用阶段

　　一战时，飞机加入战场的最初任务就是搜集与探查敌人的可能位置与动向，这一时期可以说是最早的运用侦察机的阶段。一战爆发后，欧洲各交战国都很重视侦察机的应用。在大战初期，德军进攻处于优势，直插巴黎。然而，在1914年9月3日，法军的一架侦察机发现德军的右翼缺少掩护，于是法国根据飞行侦察的情报，趁机反击，发动了意义重大的马恩河战役，终于遏止了德军的攻势，扭转了战局。

▲ 在一战期间，侦察飞机主要担负着侦查敌情的任务，偶尔也会搞空中偷袭，干扰对方军事部署

✈ 被广泛应用

　　在二战中，侦察机得到了广泛的应用，出现了可以进行垂直照相和倾斜照相的高空航空照相机和雷达侦察设备。到了大战末期，还出现了电子侦察机。此后，侦察机发展更为迅速。

◀ 美国 U-2 侦察机

✈ 不断发展

　　20 世纪 50 年代，侦察机的性能明显提高，飞行速度超过了声速，还出现了专门研制的战略侦察机，如美国的 U-2 侦察机。60 年代，人们又研制出了飞行速度达到声速 3 倍、飞行高度接近 3 万米的所谓"双 3"高空高速战略侦察机，比如美国的 SR-71 和苏联的米格-25 侦察机。这时期，无人驾驶侦察机也开始得到广泛使用。

✈ 无法替代

　　侦察卫星的出现，取代了相当一部分侦察机的作用。另外由于防空导弹的发展，使得侦察机深入敌方的飞行变得日益危险。但是实战证明，侦察机独特的优势和在未来的战场上的作用，仍是其他侦察设备所无法替代的，所以侦察机仍将得到继续发展。有人驾驶侦察机主要执行在敌方防空火力圈之外的电子侦察任务，大部分深入敌方空域的侦察任务由无人驾驶侦察机来执行。

▲ SR-71

▼ 侦察卫星

探索之旅
中国侦-6 侦察机的诞生

　　中国侦-6 侦察机是中国自主生产的第一代超声速战机，曾是中国空军和海军航空兵装备数量最多、服役时间最长、实战中击落敌机最多的国产喷气式超声速侦察机。该机是根据苏联米格-19 仿制和发展的，1958 年初开始研制，1964 年首批歼-6 侦察机交付中国空军使用，1986 年停产。歼-6 主要用于国土防空和夺取前线局部制空权，也可执行一定的对地攻击任务。

　　有空军军事专家曾撰文称，由于西方全面技术封锁和禁运，在整个国家实力和航空工业基础全面落后于世界的形势下，新中国利用苏联的技术援助，采取"克隆"仿制的捷径，迅速赶上世界空军的发展步伐。歼-6 的问世，使中国主战飞机的性能与美、苏等国的差距大大缩短，而与其他欧洲国家处于同一水平线上。

侦察机的特征

　　侦察机是世界上飞得最快的军用飞机。它来无影去无踪，飞得快、飞得高，因此曾经有一段时间人们很难发现它的踪迹，更是无法对其进行有效拦截。侦察机的最快速度可以超过 3 000 千米/时，达到声速的 3 倍以上，因而其他飞机和导弹无法对其构成威胁。有时候，侦察机上的飞行员甚至不知道曾有导弹射向自己。

▲ U-2 侦察机

✈ 飞行高度和特殊燃料

　　侦察机可以飞到 30 000 米的高度，是普通飞机的 2 倍多，因而不易被发现。即使被发现了，由于其超高的飞行高度，其他飞机对其也无可奈何。由于侦察机的飞行高度超出人体可承受的范围，所以侦察机的飞行员必须穿着全密封的飞行服，外观看上去与宇航员类似。侦察机的燃料也不是一般的航空汽油，而是一种特殊的专用燃料，它很少会留下明显的痕迹，因此人们很难发现它的行踪。

✈ 战术侦察机

　　按照担负任务的不同，侦察机可分为战略侦察机和战术侦察机。战术侦察机是指用于执行战术侦察任务的飞机，主要为前线指挥员提供战术纵深内敌军部署、行动、重要火力点、其他重要目标以及地形、气象及攻击效果等情报，以协助战役指挥员了解敌情和制定作战方案。

▼ RF-5E 战术侦察机

✈ 战斗机改装而成

因为战术侦察机主要部署在战区，容易被敌方发现，所以要求它的机动性好、噪声小、生存能力强。这种侦察机一般都是用现役战斗机改装而成，例如美国的 RF-4C、中国的歼侦-6、苏联的雅克-25P 等都属于这类侦察机。机上不带军械，但加装了航空照相机和图像雷达等，侦察纵深可达 300~500 千米。

▲ RF-4C 侦察机

▲ EP-3E 战略侦察机

✈ 战略侦察机

战略侦察机是为战略决策而搜集敌方战略情报的专用飞机。由于该机航程较远，且能高空高速飞行，因而能深入对方纵深地区对重要目标实施侦察，获取具有战略价值的情报，供高级军事和行政部门作决策参考。它装有复杂的航摄仪和电子侦察设备，可对敌方的军事目标和工业区、核设施、导弹基地和试验场、防空设施等战略目标实施侦察。

✈ 隐身技术的应用

随着科学技术的发展，隐身技术正在侦察机上得到应用和发展，以提高侦察机的生存能力。科学技术的发展使现代侦察机的谍报本领倍增，大量高性能的光学、电视、红外、激光和雷达等侦察设备的运用，使侦察机可以及时、准确地获取战场上的情报，为指挥官下定决心提供依据。

▲ SR-71 隐身侦察机

经典问答

歼-6 侦察机首次击落美国高空无人驾驶侦察机是怎么回事？

歼-6 侦察机从 1964 年交付空军使用到停产的 22 年间，共生产 4 000 多架，屡立战功，仅 1964—1968 年，就击落击伤 20 多架各型敌机，创造了全胜而无一损伤的纪录。

1964 年 11 月 15 日，雷达发现海南岛陵水以东 170 千米处有一架"火峰"侦察机。中国军飞行员徐开通驾驶歼-6 侦察机起飞拦截。歼-6 侦察机跃升至 1.75 万米高空，与"火峰"侦察机基本处于同一高度。当距离敌机 230 米时，徐开通第三次开火，炮弹穿透敌机，"火峰"侦察机爆炸起火。徐开通创造了中国空军首次击落美国高空无人驾驶侦察机，同时也创造了侦察机首次在平流层击落飞机的纪录。2006 年 8 月，歼-6 侦察机整建制退出作战序列。

侦察机的装备

　　侦察机一般不携带武器，主要依靠其高速性能和加装电子对抗装备来提高其生存能力。因为要侦察，所以它身上"穿着"很多侦察设备：航空照相机、前视或侧视雷达和电视、红外线侦察设备，有的还"穿着"实时情报处理设备和传递装置以及目前最先进的合成孔径雷达。

✈ 成相侦察是重要方法

　　侦察机的侦察设备通常被装在机舱内或外挂的吊舱内。侦察机可进行目视侦察、成相侦察和电子侦察。其中成相侦察是侦察机实施侦察的重要方法，它包括可见光照相、红外照相与成相、雷达成相、微波成相以及电视成相等。

▲ 航空照片

✈ 便于识别小型目标

　　航空照相机所摄地面目标照片分辨率较高，便于识别小型目标，因而是侦察机上必用装备。其构造特点和主要性能参数不同，使用范围也不同。低空高速侦察摄影多采用工作周期短、曝光时间短和带像移补偿装置的短焦距航空照相机。高空侦察摄影则常采用胶片数量多、带像移补偿装置的长焦距航空照相机。

✈ 航空照相机

　　航空照相机是从空中摄取地面目标图像的光学仪器。第一部半自动航空照相机在一战期间开始使用。以后，航空照相机逐步发展，类型增多，性能不断完善。现在，侦察机上可以安装数台不同类型的航空照相机，以便在各种条件下进行空中摄影。

▼ T-4 侦察机

✈ 前视或侧视雷达

前视雷达用于观测飞机前方的气象状况、空中目标和地形地物，保障飞机准确航行和飞行安全。侧视雷达往往具有很高的分辨力，其天线安装在机身两侧，随载机飞行向前扫瞄，而且能昼夜进行空中侦察和地形显示，可在不飞越对方阵地的情况下侦察到对方纵深一二百千米内的目标。

✈ 电视、红外线侦察设备

近几十年来，电视设备也逐渐被装备在侦察机上。这些设备一般属于小型化的电视摄像与实时发射设备，能够及时将战线附近或敌占区纵深的指定区域的影像发回己方，以便决定对策。

▲ P-3 上的雷达监视测试

✈ 实时情报处理设备和传递装置

侦察机上的实时情报处理设备和传递装置能够和地面导航台配合起来，及时得到飞机在飞行中的实时位置信息。这些信息，或者送给驾驶员，或者直接进入自动化程度较高的飞行控制系统，有利于飞机安全飞行。

▼ SR-71 侦察机的座舱及飞行

▼ 航空作战系统

新知词典

RF-4C 空中侦察机

RF-4C 空中侦察机和 F-4"鬼怪"中的侦察型，是在 F-4C 的基础上发展而来的两座机型。1963 年 8 月首飞，1971 年装备美国空军。RF-4C 具有与 F-4C 相同的内部、外挂油箱和基本未变的机身架构，但采用较长而细的机鼻。

RF-4C 是 F-4C 改装而成的无武装照相侦察机，武器和雷达都被专业的照相、侦察器材代替。它们之间最明显的区别就是侦察机有个新的更长更尖的机鼻，里面安装了照相机、地形测绘雷达、红外影像设备等。该机身长 18 米、宽 11 米、高 4 米，最高飞行高度为 1.8 万米。1995 年，RF-4C 退出美国历史的舞台。

RF-4C 也曾在其他国家被广泛使用。西班牙空军曾得到了 12 架美军退役的 RF-4C，1970 年至 1971 年以色列还租借过两架。此外，1989 年美军还向韩国移交了 18 架 RF-4C，该机是目前韩国空军的主力侦察机型。

世界著名的侦察机

　　由于人造卫星的发明,专业侦察机的一部分功能被取代,但是在需要取得天气状况不良地区或更近距离的照片时,侦察机依然具有战场价值。世界上著名的侦察机有美国的 U-2、RC-135"铆接"和 SR-71"黑鸟"等。

▼ U-2 侦察机是最先进的空中侦察机

✈ U-2 侦察机

　　U-2 侦察机是 20 世纪 50 年代美国研制的,是一种专用的远程高空侦察机,被誉为"间谍幽灵"。该机不仅是当时世界上最先进的空中侦察机,还是当时少数精英飞行员的专属座驾。1956 年,U-2 侦察机开始装备美国空军。由于其服役初期尚无武器可应对,因此曾红极一时。

✈ 侦查高手

　　U-2 侦察机全身黑色,可以飞行在 2 万米以上的高空,具备超强的照相侦察能力。在越南战争期间,美军所获情报 80%是从空中得到的,其中多数是由 U-2 侦察机完成的。1991 年,举世瞩目的海湾战争爆发,已有 30 多年机龄的 U-2 侦察机再次披挂上阵,它所获取的情报,对多国部队取得"沙漠风暴"行动的胜利起了重要作用。

▲ U-2 侦察机正面

经典问答

U-2 侦察机侦察苏联

　　U-2 侦察机服役 60 年来,曾征战全球,侦察过苏联、古巴、朝鲜、中国、越南等国家,但是也有 15 架在敌国的领空被击落。U-2 侦察机从 1956 年 6 月开始对苏联进行侦察,屡次遭到苏联防空军的米格-19P 等战斗机迎击。不过,能对 U-2 侦察机产生威胁的战斗机并不存在。在 1960 年 5 月 1 日在苏联领空由 CIA 所属的 U-2 侦察机侦察时,苏联 S-75 地对空导弹进行了迎击,U-2 侦察机被击落。飞行员加里·鲍尔斯逃生并被苏联俘虏作公开审判,以间谍罪起诉。

　　据说,U-2 侦察机之所以被苏联击落,是因为苏联特工在该机的仪表盘上做了手脚,飞行高度没有达到 2.5 万米,但仪表盘却显示达到飞行的高度已达 2.5 万米,因而导致被击落。

✈ 高度优势

　　高度是成功进行越境空中侦察的关键。一般商业客机的飞行高度在 10 000 米左右，而 U-2 侦察机的巡航高度达两万多米，是商业客机的两倍多。它装有一台巨型航空摄影机，如果在 20 000 米高度以飞行速度每小时 800 千米计算，续航时间为 8 小时，那么它出动一次可侦察 96 万平方千米的面积。

▼ RC-135 侦察机

✈ RC-135 侦察机

　　RC-135 侦察机是美国空军最先进的战略电子侦察机之一，它被视为 21 世纪最重要的侦察工具。该机擅长在目标国沿海地区实施侦察行动。在执行侦察任务时，它最大的优势就是无需进入敌国领空或者过于贴近敌国领空，在公共空域中即能进行侦察活动。也因为如此，RC-135 侦察机并没有配备武器系统。该机自问世以来已经有多种改进型，分别用于信号情报、电子情报和弹道导弹情报的侦察。

▲ SR-71"黑鸟"侦察机飞行速度很快

✈ 最快的军用飞机

　　SR-71 "黑鸟" 侦察机是美国空军喷气式长程高空高速战略侦察机，也是世界上飞得最快的军用飞机。该机由美国洛克希德公司的臭鼬工厂研制生产，它采用了大量当时的先进技术，是第一种成功突破声障的实用型喷气式飞机。它的最快速度可达 3 529/时千米，接近声速的 3 倍。在实战记录中，没有任何一架 SR-71 侦察机曾被敌机或防空导弹击落过。SR-71 侦察机共制造了 32 架，其中 12 架在飞行事故中损失，其它的于 1990 年永久退役，部分进入博物馆陈列。

✈ EP-3 电子情报侦察机

　　EP-3 "白羊座 Ⅱ" 电子情报侦察机是由美国洛克希德·马丁公司在 P-3 "奥立安" 反潜巡逻机基础上改进的战略侦察机。EP-3E "白羊座 Ⅱ" 侦察机是 EP-3 系列侦察机的深入改型，2001 年美国的一架 EP-3E 侦察机在南海与一架解放军的歼-8II 歼击机相撞，最终达成和解，该机被拆卸后运送回美国，使其为世界所熟知。

EP-3 电子情报侦察机

无人机

无人驾驶飞机简称"无人机",英文缩写为"UAV",是一种以无线电遥控或由自身程序控制为主的不载人飞机,或者由车载计算机完全地或间歇地自主操作。该机种已经成为现代军事航空装备发展的重点之一,其在技术上和战术上的发展必将对未来空中作战体系的构成产生重要的影响。

✈ 无人机的分类

无人机兼具侦察和攻击功能,实现了无人作战平台由侦察兵向战士的转变,其必将对未来空中作战产生影响。从技术角度定义,可以分为无人直升机、无人固定翼机、无人多旋翼飞行器、无人飞艇、无人伞翼机等;按应用领域,可分为军用与民用;军用方面,无人机分为无人侦察机和无人靶机。

▲ "影子200"无人机

▲ X-45A 无人机

✈ 军用方面的优势

无人机能够在核、生、化和高威胁环境下作战。由于是无人驾驶,所以避免了人员伤亡。一般的无人机往往结构简单、尺寸小,所以造价比其他军用飞机低得多。另外它还具有留空时间长,机动性好,不易被敌方探测系统发现,并且不易被敌方防空火力击中的特点,以及可以不依赖机场机动灵活起飞或发射的优势。

▼ RQ-1 无人机

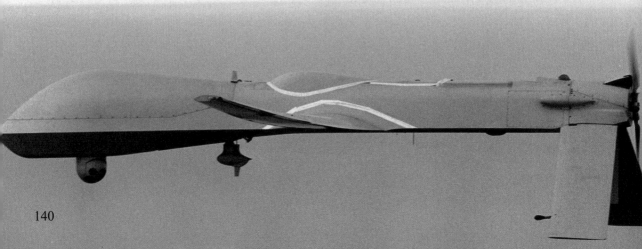

无人机将会改变人们的生活

今天,在这个技术吞噬世界的时代,无人机正在像空气一样无孔不入地渗透到人们的日常生活中,使人们的生活发生了翻天覆地的变化。

在传统农业生产中,农民施肥、喷洒农药等农活都要亲自去做,无人机的应用则可以替代人力,使现有农田耕作更高效、成本更低。在城市,无人机除了提供物流解决方案,还可以为城市规划、建设和管理提供多方面的基础地理信息等。比如,人们在进行城市规划时,往往需要详细的城市土地利用信息,如果人工勘查,工作量非常庞大,而这些有关城市居住用地、道路交通、公共建筑等方面的信息从无人机航摄影像上就可以清晰地判读提取,非常方便。另外,无人机对于医院病人的救助,还有减缓交通堵塞等,都起到很大的作用。

总之,凡是需要空中解决方案的地方,都将有无人机的一席之地。在未来,无人机将会应用在更广阔的领域。

✈ 无人机的缺陷

现役无人侦察机大都是按照固定的程序和任务航线,来执行侦察巡逻任务。即便是一些具备攻击能力的无人机,通常也是采用人工控制。这使得现役无人机的自主工作能力只能局限在自控飞行这个狭窄范围内,从而大大降低了攻击无人机在执行任务中的机动性和灵活性。

▲ 无人机地面控制站

✈ 需要提高灵活性

无人机必须具备独立决策和任务规划的能力,人工控制只需在应付突发情况时介入。如何通过无人机自主完成规划任务和人工辅助控制的方法,来提高无人机整个系统的灵活性,已经成为当下无人机研制的主要课题。无人机在生产、维护和使用成本上比之前的传统战机有着明显优势,有利于军队装备规模的扩大。

✈ 广泛应用

与有人驾驶飞机相比,无人驾驶机往往更适合那些太"愚钝,肮脏或危险"的任务。除了军用,无人机在民用方面应用范围极其广泛。目前,该机种在航拍、农业、植保、微型自拍、快递运输、灾难救援、监控传染病、测绘、新闻报道、电力巡检、救灾以及影视拍摄等领域都有应用,大大拓展了无人机本身的用途。

▼ RQ-4 无人机

无人侦察机

　　无人侦察机是指机上没有驾驶员,其飞行状态、路线可以控制,并在大气层中航行,可进行侦察任务的一类飞行器。由于防空导弹的发展,使侦察机深入敌方的飞行变得日益危险,因此有人驾驶侦察机主要执行在敌方防空火力圈之外的电子侦察任务,大部分深入敌方空域的侦察任务则由无人驾驶侦察机来完成。

▲ MQ-8 火力侦察兵无人机

✈ 主要特点

　　由于无人侦察机是无人驾驶,因而可以将其送到危险的环境执行侦察任务而无需担心人员伤亡的问题,而且无人机在设计时不受驾驶员生理条件限制,可以有很大的强度和较大的机动性,所以,世界各国对无人机在军事上的用途十分青睐。

✈ 侦察优势

　　与侦察卫星相比,无人侦察机成本低、侦察地域控制灵活、地面目标分辨率高;与有人侦察机相比,无人侦察机有可昼夜持续侦察的能力,不必考虑飞行员的疲劳和伤亡等问题,特别在对敌方严密设防的重要地域实施侦察时,或在有人驾驶侦察机难以接近的情况下,使用无人侦察机就更能体现出其优越性。

▲ 无人侦察机

经典问答

美国无人侦察机入侵过我国领空吗?

　　1957 年,为窃取中国重要的战略情报,美国高空侦察机频繁出入中国华北和西北等地,拍摄了大量中国正在建造的军事设施和其他重要战略目标的照片。据不完全统计,仅仅在 1958 年,U-2 侦察机就滋扰了中国大陆近 10 次。

　　当时,中国军事实力并不是很强大,在面对美方的无人机侦察几乎没有反抗的能力。美国看到了这一点,他们认为中国落后的军事力量不可能将他们改装后的无人机拦截击落,因此美军无人侦察机曾一度进出中国领空如入无人之境,极其嚣张。从 1964 年 8 月 29 日首次入侵中国领空实施侦察,至 1971 年年底,美军无人侦察机对中国境内的侦察前后共达 101 架次。可是令美国没有想到的是,这些入侵我国领空的无人机侦察机先后被中国人民解放军击落 21 架,击毁率达 20.8%,狠狠地打击了美国空军。

✈ 技术先进的国家

从 20 世纪 70 年代开始，以色列已独立与美国、瑞士等国合作发展了第三代无人侦察机。美国重视发展长航时、三军通用的无人侦察机，技术处于世界领先水平。除美国和以色列外，还有一些国家也装备有无人侦察机，如俄罗斯的"图-243"、英国的"不死鸟"、德法的"布雷维尔"、南非的"秃鹰"和加拿大的 CL-227 无人侦察机等。

▲ 以色列"搜索者"无人侦察机

▲ 英国"不死鸟"

✈ 英国的"不死鸟"

"不死鸟"无人机是由英国马可尼公司研制的，是一种中程无人侦察机，已编入英国陆军皇家炮兵第 32 团和第 39 团服役，其主要任务是为炮兵截获目标提供侦察照片和数据。该机的隐身性能好，具有较高的生存力，在战场上易于维修和运输。"不死鸟"最大使用高度 2 440 米，侦察半径 60 千米，在 1 000 米高度下视场为 800 平方千米。

✈ 最先进的无人侦察机

RQ-4A"全球鹰"是美国空军乃至全世界最先进的无人侦察机。该无人机于 1998 年首飞，可从美国本土起飞到达全球任何地点进行侦察。它机体庞大，双翼直挺，相貌不凡，看起来像一头虎鲸，飞行控制系统采用 GPS 全球定位系统和惯性导航系统，可以自动完成从起飞到着陆的整个飞行过程。

▼ RQ-4A"全球鹰"无人侦察机

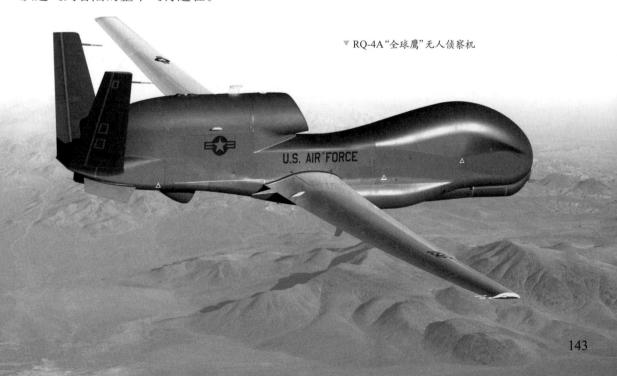

无人攻击机

为了适应未来战争的需要,各军事强国都在极力发展能够主宰未来战场的先进武器。其中,最引人注目的就是无人攻击机的发展。无人攻击机是用于攻击地面和空中目标的无人驾驶作战飞机,它既可以利用自身的战斗部件攻击目标,也可以通过投掷携带的武器来达到攻击的目的。

✈ 显著优势

无人攻击机可以在核、生、化和高威胁环境下作战,避免人员伤亡;结构简单、尺寸小,造价比其他军用飞机低得多;留空时间长,机动性较好,不易被敌方探测系统发现,也不易被其防空火力击中;并且可以不依赖机场机动灵活起飞或发射,敌方探测系统一般很难发现。

▲ 美国空军在一次战斗中控制一架无人攻击机

✈ 攻击任务

无人攻击机的任务主要包括三个方面:一是打击敌地面目标,压制防空,攻击非坚固性的固定和移动目标。二是反弹道导弹,在敌方有可能部署和发射地地战术弹道导弹或巡航导弹的区域上空游弋待机,当发现敌发射设施或车辆时即予以打击。三是夺取空中优势,无人攻击机群可以不计代价地攻击敌空中目标和有人飞机所在的机场,使有人战斗机无法起飞或起飞后无法降落,从而对夺取制空权起到重要的作用。

▼ RQ-1"掠夺者"无人机

✈ 研制途径

　　无人攻击机的研制主要有两种途径。一种是对传统的无人机进行改装，加装武器装备，使其具有攻击能力；另一种则是研制全新的专用的无人攻击机。

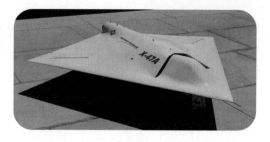
▲ X-47 飞马是一架试验型无人战斗航空器

✈ 发展前景

　　虽然无人攻击机具有许多技术特点和作战优势，但目前尚处于初始发展阶段，尚有一些问题需要研究解决，如航程和航时问题、操纵控制问题、作战使用论证不足问题等，都需要做进一步的研究。不过，美国一位军事学家指出，到目前为止，没有比无人攻击机更具意义的军事技术，它的发展将是空中力量的一次革命。

◀ X-45A 无人攻击机

✈ X-45A 无人攻击机

　　2002 年 5 月 22 日，美国波音公司制造的首架 X-45A 无人驾驶攻击机完成原型机首飞。这种飞机空机重量小于 3 600 千克，能够携带 12 枚低成本自主攻击弹药，8 枚小型灵巧炸弹或 2 枚联合直接攻击弹药，能在目标上空巡弋 10 小时以上。该飞机由战区外的监视飞机上的操作员控制或通过卫星通信由地面控制站的人员操控。

新知词典

RQ-1"掠夺者"无人机

　　RQ-1"掠夺者"无人机是美国空军使用的无人驾驶侦察机,也是美军目前一种重要的远程中高空监视侦察系统和主流无人攻击机,曾被派往波黑战场进行空中侦察。1994 年 1 月 7 日,美国海军以 3 170 万美元的先进概念技术验证合同,要求有关方面在 30 个月内生产无人机并建立 3 个地面站。1994 年 7 月初,"掠夺者"首飞,1997 年 8 月投产,并被授予军用代号——RQ-1A。同年 10 月,首批 3 架飞机和一个地面站交付。该机的最大航行速度为每小时 240 千米,最大飞行高度 7 620 米,作战半径 926 千米,续航时间 40 小时,尤其是它可将拍摄到的图像以接近实时的方式发送到世界上任何地方。

▲ RQ-1 无人机

电子战飞机

电子战飞机是一种专门用于对敌方雷达、电子制导系统和无线电通信设备进行电子侦察、电子干扰和攻击的飞机,基本上都由轰炸机、战斗轰炸机、运输机、攻击机等改装而成。信息时代,信息战将成为未来战争的主要形态,未来的电子战飞机将在战争舞台上扮演非常重要的角色。

✈ 应运而生

二战期间,由于警戒引导雷达和战斗机截击瞄准雷达的大量使用,对轰炸机构成了严重的威胁。鉴于这种形势,许多参战国研发出针对雷达的积极干扰设备、电子告警器和消极干扰物,并将其安装在轰炸机上或由轰炸机携带投放,由此诞生了早期的电子战飞机。

✈ 主要任务

在敌我战争中,电子战飞机的主要任务是利用飞机上的电子干扰设备施放干扰信号,就像麻醉师给病人打麻药让病人昏迷那样,使敌方的防空体系陷入混乱并失效,以此来掩护己方的攻击飞机从而完成攻击任务。电子战飞机在现代战争中占有非常重要的地位,它能使敌方的防空导弹、防空高炮及战斗机迷失方向,无法发现攻击的目标。

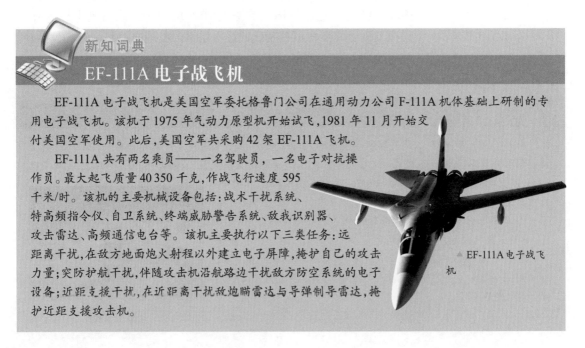

新知词典

EF-111A 电子战飞机

EF-111A 电子战飞机是美国空军委托格鲁门公司在通用动力公司 F-111A 机体基础上研制的专用电子战飞机。该机于 1975 年气动力原型机开始试飞,1981 年 11 月开始交付美国空军使用。此后,美国空军共采购 42 架 EF-111A 飞机。

EF-111A 共有两名乘员——一名驾驶员,一名电子对抗操作员。最大起飞质量 40 350 千克,作战飞行速度 595 千米/时。该机的主要机械设备包括:战术干扰系统、特高频指令仪、自卫系统、终端威胁警告系统、敌我识别器、攻击雷达、高频通信电台等。该机主要执行以下三类任务:远距离干扰,在敌方地面炮火射程以外建立电子屏障,掩护自己的攻击力量;突防护航干扰,伴随攻击机沿航路边干扰敌方防空系统的电子设备;近距支援干扰,在近距离干扰敌炮瞄雷达与导弹制导雷达,掩护近距支援攻击机。

▲ EF-111A 电子战飞机

✈ 现代电子战飞机

现代电子战飞机包括电子侦察飞机、电子干扰飞机和反雷达飞机（又称携带反辐射导弹的飞机）。它们基本上是由轰炸机、战斗轰炸机、运输机、攻击机等改装而成的。美国的电子战飞机主要有EF-111A、EA-3B"空中战士"、EA-6A "入侵者"、EA-6B "徘徊者"、EC-121 "星座"电子侦察干扰机等型号。俄罗斯的电子战飞机主要有雅克-28E、图-19、伊尔-20电子侦察机等。

▲ EA-6A"入侵者"电子侦察干扰机

✈ 发展趋势

未来的电子战飞机将朝这四个方面发展：综合电子战、电子侦察系统、电子进攻系统和电子防卫系统。综合电子战是把不同用途的电子对抗设备和电子对抗系统进行综合，构成一个综合性、一体化、自动程度高的电子战系统。电子侦察系统主要是了解敌方电磁威胁、监视敌方各种电磁活动。电子进攻系统包括电子干扰和电子摧毁。电子防卫系统能够削弱敌方电子战武器的作用，保

✈ 综合电子战主要方面

综合电子战包括如多种接收机体制综合化的侦察告警系统；微波、毫米波、红外等宽带传感器综合告警系统；电子侦察与各种形式电子干扰的综合设计，电子侦察、干扰与反辐射武器的一体化；预警机、雷达、无源探测、通信、电子战自卫系统的综合；不同层次、不同级别、不同军兵种电子战系统的综合等。

▼ 预警机是电子战飞机的一种，它装有远程警戒雷达用于搜索、监视空中或海上目标，指挥并可引导己方飞机执行作战任务

著名的电子战飞机

　　电子战飞机在现代战争中占有非常重要的地位,它能使敌方的防空导弹、防空高炮及战斗机迷失方向,无法发现对方的目标。目前,在军队服役的美国 EA-6B 电子战飞机上装载的电子设备是当代最先进的, 这使得 EA-6B 电子战飞机一直保持着全球领先的电子对抗能力。

▲ EA-6B"徘徊者"

✈ EA-6B"徘徊者"

　　EA-6B "徘徊者" 是美国格鲁曼公司(现诺斯罗普·格鲁曼公司)于 1966 年在 EA-6A 的基础上研制的舰载电子战飞机,也是美国航母现役的舰载机。该机是为了满足美国海军电子对抗护航飞机的要求而研制的, 其主要任务是干扰敌方的雷达和通信系统, 保护舰队。它具有电子干扰和发射高速反辐射导弹的能力,是唯一能在陆地和航母上使用的专用电子战飞机。

✈ EA-3B 电子战飞机

　　EA-3B 电子战飞机是在美国道格拉斯公司生产的 A-3B 基础上改装而成的电子战飞机。该机改装过程中,原先的武器舱改成四个电子系统操作员舱和电磁情报设备舱,而且还换装了新的发动机。但是从外形上看,EA-3B 比 A-3B 只是在垂尾顶部多了一个条状天线罩。其主要电子装备有 ASB-1B 雷达、AN/ALQ-40 电子对抗接收机、AN/APA-69 雷达频谱分析仪和 AN/ARA-25 无线电频谱仪等。

▼ EA-3B 电子战飞机

✈ 海湾战争中的"三剑客"

在海湾战争中的"三剑客"——EA-6B、EF-111A 和 F-4G 三种电子战飞机一起组成联合编队，战果辉煌。但是，随着时间的磨砺，"三剑客"先后退役，仅存的 EA-6B 虽然经过多次改装仍显得力不从心，于是，EA-18G 被设计出来用于接替年迈的 EA-6B 的工作。

▲ F-4G

✈ EB-66 电子战飞机

EB-66 电子战飞机是美军第一代专用喷气式电子干扰飞机，也是世界上第一种专用喷气式电子战飞机。EB-66 是美国道格拉斯飞机公司长滩工厂于 1956 年为了满足美军的需求，由现役 B-66"毁灭者"轰炸机加装了电子战设备后而制成的。在越南战争初期，EB-66 发挥了非常重要的作用，出动达到几千架次，立下了赫赫战功。

▲ EB-66

✈ 表现出色

1964 年，"北部湾"事件后越南战争升级，EB-66 电子战飞机被美军投入大规模空袭作战行动。在此期间，EB-66 电子战飞机先后与 F-4 战斗机、F-105 战斗机和 B-52 轰炸机合作，与这些战机结伴飞行，或在后方空域提供远距电子干扰支援，为它们执行轰炸任务提供电子遮蔽掩护，干扰压制越军"萨姆"导弹火控雷达和高炮引导雷达，表现非常出色。

新知词典

EA-18G"咆哮者"是怎样一种电子战飞机？

EA-18G"咆哮者"电子战飞机是在美国海军 F/A-18E/F"超级大黄蜂"战斗攻击机的基础之上发展研制而成的。该机不仅拥有新一代电子对抗设备，同时还保留了 F/A-18E/F 全部武器系统和优异的机动性能，使它无论是在航母上还是在陆地上都能较好地执行任务。有人评价说，"咆哮者"既是当今战斗力最强的电子干扰机，又是电子干扰能力最强的战斗机。

▲ EA-18G

作为一款名副其实的电子战飞机，EA-18G 拥有十分强大的电磁攻击能力。安装于"咆哮者"机首和翼尖吊舱内的 ALQ-218V（2）战术接收机，是目前世界上唯一能够在对敌实施全频段干扰时，仍不妨碍电子监听功能的系统，这项功能被厂商称为——"透视"。EA-18G 的基础型号 F/A-18E/F"超级大黄蜂"机体拥有充分的可扩展潜力，令其拥有更强的作战灵活性，可满足不同用途的作战需要。而 EA-18G 的成功，就是这种性能拓展优势的充分体现，目前 EA-18G 已成为美国海军新的"撒手锏"。

预警机

预警机，又称空中指挥预警飞机，是电子战飞机的一种。预警机一般都装有远程警戒雷达用于搜索、监视空中或海上目标，指挥并引导己方飞机执行作战任务，可大大地提高己方战斗机效能，在现代战争中具有重要的作用。现代预警机实际上是空中雷达站兼指挥中心，所以它又被称为"空中警戒与控制系统"飞机。

✈ 天线罩的作用

大多数预警机都有一个显著特征，就是机背上背有一个大"蘑菇"，那是预警雷达的天线罩。天线罩的主要作用是用来克服雷达搜索目标时的低高度距离困难。同时，它还可以减轻地形干扰，用于搜索、监视空中或海上目标。

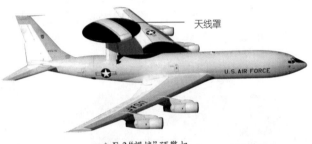
天线罩
▲ E-3"望楼"预警机

✈ 世界上第一架预警机

预警机的发展要追溯到二战后期，当时飞机的飞行速度和高度都有了很大的提高，快速报知敌情就成为人们的企盼。英国人首先发明和应用了雷达，它在抗击德国法西斯入侵的战斗中屡建奇功。随后，美国首先在舰载飞机上安装了警戒雷达，制成了世界上第一架预警机——舰载预警机 AD-3W。

经典问答

今天世界上哪些国家拥有预警机？

现在，世界上拥有预警机的主要国家有美国、俄罗斯、英国、瑞典、日本、以色列、新加坡和中国等。装备预警机的主要国家和机型如下：美国装备了 E-2A、B、C、2000 型"鹰眼"、E-8"联合星"远距离雷达监视机、E-3"望楼"；俄罗斯装备了 A-50"中坚"、图-26；英国装备了"猎迷"MK-3；瑞典有"萨博"2000；日本有 E-767 和 E-2C"鹰眼"；以色列有先进的"费尔康"；新加坡更新了已服役 20 多年的四架 E-2C；中国有空警-2000、空警-200 等。

▼ 美国 E-3 预警机

在这些预警机中，E-3"望楼"预警机堪称当今世界最先进的空中预警机之一，单价高达 2.7 亿美元，它能在各种地形上空执行预警任务。E-3 预警机的雷达监视范围达 50 万平方千米，比美国第二大州加利福尼亚州总面积还要大很多。其雷达每 10 秒钟就能把它监视的范围扫描一遍，可同时发现和跟踪 600 个目标。一架 E-3 预警机可抵得上 2~3 个雷达团的作战能力。1992 年生产线关闭之前，美国一共生产了 68 架 E-3 预警机。

▲ 美国空军现役主力 E-3A"哨兵"预警机，其不受航母的限制，因此采用了民用客机波音 707 为载机

✈ 空中预警管制机

人们经常见到的空中预警机一般是以客机或者是运输机改装而来的。空中预警管制机就是由大型飞机改装，是可以容纳更多电子设备与指挥管制人员的空中预警机的强化版。除了将雷达系统放置在飞机上以外，空中预警管制机可以强化或者是替代地面管制站的功能，直接指挥飞机执行各种任务。

✈ E-1B"跟踪者"预警机

20 世纪 50 年代，美国人将新型雷达安装在 C-1A 小型运输机上，改装成 XTF-1W 早期预警机。后来又经几次改进，最终正式定名为 E-1B "跟踪者"式舰载预警机。E-1B 是世界上第一架实用的预警机，它初步具备了探测、进行海上和空中目标识别、引导己方飞机攻击敌方目标的能力，但其雷达探测和引导作战机群能力有限。

▲ E-1B"跟踪者"预警机

✈ E-2"鹰眼"预警机

E-2 "鹰眼" 预警机是格鲁门公司为美国海军舰队设计的空中预警飞机，担任空中预警和指挥任务。它装备的雷达比较适合扫描辽阔的海洋和平原地带，如果在地形起伏比较大的山区，它的 "视野" 就会受到影响。

▼ E-2"鹰眼"预警机

反潜机

反潜机是专门用于搜索和攻击潜艇的军用飞机,它具有低空性能好和续航时间长等特点,能在短时间内对宽阔的水域进行反潜作战。常见的反潜机有固定翼飞机或者是直升机这两种型态,有的从陆地机场操作,有的自水面船舰起降执行任务。反潜机已经成为近代反潜作战中非常重要的一环。

▲ 美国海军SH-60B直升机正在投下一枚反潜鱼雷

✈ 初显身手

1915年8月,一架英国轰炸机在飞经比利时海域时,发现了一艘德国潜艇,当即投掷了两颗炸弹,潜艇尾部受到打击后迅速潜逃。虽然潜艇没有被击沉,但首战大胜使各国对飞机反潜开始刮目相看。

▲ S-2"搜索者"巡逻机

✈ 反潜机的特点

反潜机具有快速、机动的特点,能在短时间内居高临下地进行大面积搜索,并可以十分方便地向海中发射或投掷反潜炸弹,甚至最新型的核鱼雷。反潜机一般总质量在50吨以上,可在几百米高度上以每小时300~400千米的速度进行巡行,一次飞行时间可以达到10小时以上。

✈ 主要装备

反潜机的主要装备有两部分,一是探测设备,二是武器设备。探测设备主要包括雷达、声呐浮标、吊放式声呐、磁异探测仪、激光探测仪等;反潜机的武器包括鱼雷、普通炸弹、深水炸弹、水雷和火箭等,武器控制系统可以自动操作,也可以人工操纵。其中鱼雷是现代最有效的反潜武器装备,备受各国海军重视。

▲ 美国海军的地勤人员正在为P-3C反潜机安装声纳浮标

新知词典

S-3"北欧海盗"反潜机

S-3"北欧海盗"反潜机是针对美国海军20世纪70年代后半期反潜任务而设计的舰载反潜飞机,取代S-2反潜机,以配合P-3岸基反潜机使用。1969年,美国海军交由洛克希德公司(现洛克希德·马丁公司)研制生产。1972年,S-3反潜机首飞,并于两年后开始交付海军使用,到1978年生产结束时共交付187架。

S-3反潜机的作战任务主要是对潜艇进行持续的搜索、监视和攻击,对己方重要的海军兵力(如航空母舰、特遣舰队)进行反潜保护。改型后可用作加油机、反潜指挥控制机和电子对抗飞机。

2003年5月1日,美国总统小布什登上S-3反潜机副驾驶位置,在"林肯"号航母上降落,随后向世界宣布伊拉克战争的结束。之后,总统驾临过的S-3反潜机被命名为"海军一号"。

▲ S-3"北欧海盗"反潜机

◀ SH-60 舰载直升机下放沉浸声纳

✈ 综合电子系统

现代反潜机装有航空综合电子系统,其中有各种探测器和导航、通信及武器控制系统。探测器包括声学和非声学两类。声学如"声呐"浮标下位系统,它能把水中潜艇发出的噪声变成无线电信号,自动送回飞机从而确定潜艇的位置;非声学包括反潜搜索雷达、磁导探测器、前视红外探测器、电子干扰设备及照明系统等。

✈ 四大种类

反潜机大致可以分为水上反潜飞机、反潜直升机、岸基反潜飞机和舰载反潜机四大类。水上反潜飞机能在水上起降,其他与岸基反潜飞机相同;反潜直升机通常载于普通舰船上,能提高舰船自身的反潜能力;岸基反潜机的基地在陆地,它的代表是美国洛克希德公司的P-3"奥利安"反潜机;舰载反潜机的主要任务是随航空母舰执行机动反潜任务,包括对潜艇实行搜索、监视、定位和攻击。

✈ P-3"奥利安"海上巡逻反潜机

P-3"奥利安"海上巡逻反潜机是一型远程、陆基反潜巡逻机,由美国洛克希德公司制造,于1962年开始进入美国海军服役。很快,该机成为西方国家使用最为广泛的一种海上巡逻和反潜战飞机。

▼ P-3"奥利安"海上巡逻反潜机

军用运输机

　　军用运输机是军事部队执行快速部署、空运兵员、作战装备与军用物资、撤离伤病员和进行空降空投等军事任务的运输机。该机种有较完善的通信、领航设备,能在昼夜复杂的气象条件下飞行,它具有较大的载重量和续航能力,能实施空运、空降、空投,保障地面部队从空中实施快速机动作战。

✈ 主要特点

　　与民航机和民用运输机相比,军用运输机主要有以下几个主要特点:可以使用简易机场;货舱容量大;机翼从机身上面穿过,这有利于增加舱高度和货物装卸;具有快速装卸能力;为了提高在战时的生存力,有的军用运输机还装有自卫武器、电子对抗设备和航炮,并在重要部位加装装甲。按运输能力,军用运输机可以分为战略运输机和战术运输机两类。

✈ 结构组成

　　军用运输机一般由机体、动力装置、起落装置、飞行控制系统、通信和导航设备等组成。机身大多为宽体结构,其横截面多呈双圆形、圆形或方圆形,有的机内分为上、下舱。机身舱门宽敞,分前开式、后开式和侧开式。动力装置多数为2~4台涡轮风扇或涡轮螺旋桨大功率发动机;起落架多采用多轮式,装中、低压轮胎,有的起落架上装有升降机构,便于在野战条件下进行装卸。

▼ 正在执行运输任务的
C-47 和 C-130J

✈ 战争中的运输机

　　在一战时,还没有专门的军用运输机,交战双方曾用大型飞机运送联络人员。一战后,军用运输机在轰炸机、民用运输机的基础上发展起来。20世纪20~30年代,出现了一些著名的军用运输机,比如德国的 JU-52/3M、苏联的 AHT-9 等。二战期间,各国开始专门研制军用运输机,如德国的 ME-323、JU-352,美国的 C-46、C-47 等。这些运输机大都装有大功率发动机,最大航程 6 000 千米,载重量达 11 000 千克(或载 120 人),飞行高度上限达 8 000 米。

◀ 美国 C-130 军用
运输机

✈ 现代军用运输机

　　20 世纪 50 年代末 60 年代初，军用运输机开始采用涡轮喷气式发动机和涡轮螺旋桨发动机，如美国的 C-130、苏联的安-26 等。60 年代中期，军用运输机开始装备噪声小、耗油低、功率大的涡轮风扇发动机。由于动力装置的改进，军用运输机的性能有显著提高。现代军用运输机大多采用先进的操纵系统，以确保飞行安全，并装有完善的电子系统和导航设备，如气象雷达、航行雷达、卫星通信导航设备等。

✈ 战术运输机的分类

　　战术运输机又可分为小型战术运输机和中型战术运输机两类。小型战术运输机是战术空运的重要力量，一次可运送 28~60 名士兵，适宜战区内战术作战和中低强度战争空运任务。中型战术运输机能胜任中远距离战区作战任务，最多可运送 90 余名士兵。

经典问答

为什么说现代军用运输机很重要?

　　强大空运能力为实现人们的战略构想创造了条件,也满足了战场中机动运输的要求。因此,在整个军事运输系统中,空中运输具有较高的战略地位,它和海运、陆运一起组成完整的军事运输系统。

　　现代军用运输机的运输速度一般可达 800~900 千米/时,是陆上运输速度的 15 倍,海上运输速度的 25 倍,因此可以说是这三种运输手段中最为快捷的。现代大型运输机的航程已达数千千米,可覆盖辽阔的疆土,经空中加油后,可实施全球性运输。

　　近年来发生的一系列军事冲突中,以大型军用运输机为主的支援保障飞机首当其冲,在整个作战过程中地位十分显著,不但加强了对战争进程的控制能力,还增强了部队持续作战的能力,说明大型军用运输机在快速、机动和大纵深作战中起着非常重要的作用。今天,军用运输机尤其是大型军用运输机的优劣已经成为衡量一个国家国防实力的重要标志。

军用运输机的任务

　　军用运输机是执行战略、战役和战术作战任务的重要工具，其任务就是向远离本土的战场空投作战部队，向指定地点空投快速机动兵力、运送武器装备、物资器材和向后方运送伤员等。其战略空运作用尤其突出，对战争的进程有着重大的影响。

▲ 安-124 运输机

✈ 战略运输机的特点和任务

　　战略运输机又称远程运输机，它的特点是，载重能力强、航程远，起飞质量一般在 150 吨以上，载重量超过 40 吨，正常装载航程超过 4 000 千米，能空降、空投和快速装卸，主要是在远离作战地区的大型/中型机场起降，必要时也可在野战机场起降。这类运输机的任务是承担远距离（一般是洲际间的）、大量兵员和大型武器装备的运输。

✈ 可运输项目

　　由于有些战略运输机具有空中受油能力，能在简易跑道或土质跑道上起降，所以可以运载重型武器装备，如地对地战术导弹、直升机、主战坦克、装甲车及榴弹炮等，并具有快速装卸能力。美国的 C-5，俄罗斯的安-22、安-124、安-225、伊尔-76 等都属于这类飞机。

▼ 正在起飞中的 C-5 运输机

运-8 运输机的艰难诞生

在朝鲜战争时期,中国空军面对美国战机的巨大压力,基于对战斗机的需求,中国航空工业主要研制生产战斗机而忽略了运输机。朝鲜战争结束后,由于我国技术基础薄弱,中国航空工业便选择小型运-5 飞机开始试制运输机。运-5 飞机有效载重只有 1.5 吨,只能运十几个人。

到了 20 世纪 60 年代中期,随着我国工农业生产的全面发展,国家大力发展交通运输事业,运输机的研制才被提上日程。1966 年,为提高空军运输航空兵空运能力,引进了苏联安-12B 型军用运输机。此后,空军决定自主研制中型运输机,并命名运-8。运-8 中型运输机仿制苏联安-12"幼狐"运输机进行测绘设计。1969 年初,陕西飞机制造厂历时两年多完成了测绘设计。1974 年 12 月,运-8 型 01 号机首飞成功。又经过几年的摸索,到 1980 年,运-8 运输机终于通过设计定型,并开始批量生产。

截至 2006 年,运-8 系列飞机已发展到近 30 种机型,是我国最大的中程中型多用途运输机,可用于空运、空投、空降、救生、海上作业及特种作战等多种用途。运-8 系列飞机不仅装备了中国人民解放军陆、海、空三军部队,还满足了国内邮政航空、民航市场的需求,同时还出口到海外多个国家。

✈ 战术运输机的特点和任务

战术运输机一般是中小型飞机,起飞质量 60~80 吨,载重量 20 吨左右,可运送 100 多名士兵;航程 3 000~4 000 千米;大多安装涡桨发动机,巡航速度通常为 500~700 千米/小时。其特点是载重量较小,主要在前线的中、小型机场起降,有较好的短距离起降能力,有的能在简易机场起降。它的任务是在战区附近承担近距离军事调动、后勤补给、空降伞兵、空投军用物资和伤员的运送。这类运输机比较有代表性的有美国的 C-130、乌克兰的安-12 和我国的运-8 等。

▲ 运输机在战争中执行任务会遇到敌机的轰炸

✈ 提高运输能力

军用运输机自问世以来,在多次重大战争中都发挥了重要作用,所以军用运输机的发展越来越受到重视。目前,国外对于军用运输机的发展趋势主要有以下几点:一是进一步提高载运能力;二是要求运输机将陆军装备直接运送到战场;三是考虑研制垂直起降战术运输机;四是提高全天候执行任务能力和出勤率;五是将采用电子对抗技术和隐身技术,也可能装自卫武器。其中,提高运输能力是重中之重。

▼ C-17 运输机

世界著名的军用运输机

目前,世界上正在服役的军用运输机型号很多,约有二三十种。美国的军用运输机配套较齐全,比如 C-130、C-141 和 C-5 是其军用运输机的主力机种。其中,C-5 军用运输机最大载重 120 吨,是目前美国装备的最大军用运输机。另外,还有乌克兰的安-70,欧洲多国开发研制的 A-400M 以及中国的运-20 等都是比较著名的军用运输机。

✈ C-130"大力神"

C-130 "大力神" 是美国研发的中型多用途战术运输机,也是世界上设计最成功、使用时间最长、服役国家最多的运输机之一,在美国战术空运力量中占有核心的地位。该机能在简易的机场起降,参加过很多局部战争。C-130 从 1954 年首飞至今已服役 60 余年,有 70 多个国家或地区使用,总生产数量超过 2 300 架,其中 1/3 以上用于出口,是世界上著名的军用运输机。

▼ C-130 运输机

✈ C-141 运输机

C-141 运输机是世界上第一种完全为货运设计的喷气式飞机,也是第一种使用涡扇发动机的大型运输机。早在 1965 年,它就开始在美军服役,能够运送美军大多数重型装备,它还运送过美国国家航空航天局的 "哈勃" 天文望远镜。C-141 的货舱能轻松地装载长达 31 米的大型货物,还可一次运载 208 名全副武装的地面部队士兵或 168 名携带全套装备的伞兵,在舱壁和地板上还可以加装临时座椅。

▼ C-141 运输机

U.S. AIR FORCE

▲ C-17 "环球霸王"Ⅲ运输机是美国波音公司生产的

✈ C-17"环球霸王"Ⅲ运输机

C-17 "环球霸王"Ⅲ是 20 世纪 80 年代美国波音公司为美国空军研制生产的大型战略战术运输机。该运输机的作战范围和功能涵盖了过去的 C-5 运输机所具备的一切，融合战略和战术空运能力于一身，是当今世界上唯一可以同时适应战略、战术任务的运输机。C-17 运输机适应于快速将部队部署到主要军事基地，或者直接运送到前方基地的战略运输，必要时，该机也可胜任战术运输和空投任务。这帮助美军大大提高了全球空运调动部队的能力。

✈ 安-70 运输机

安-70 运输机是由乌克兰设计制造的四引擎战术运输机，也是世界上载重最大的涡轮桨扇运输机。目的是用来取代过时的安-12 运输机。安-70 运输机的第一架原型机于 1994 年 12 月 16 日在乌克兰基辅首飞成功。安-70 运输机在众多的同类机种中，性能是出类拔萃的，更为难得的是，它的生产和维护成本比起美制 C-17、C-130J 等运输机要低得多。

▲ 安-70

 新知词典

中国自主研发的新一代军用运输机——运-20

运-20 运输机是中国自主研发的新一代喷气式重型军用运输机，机长 47 米，翼展 45 米，高 15 米。该机最大起飞质量约为 220 吨，载重量约为 60 吨，如果加满油可在 1.3 万米高空以 700 千米/时的速度连续飞行 8 000 千米，也可在复杂气象条件下，执行各种物资和人员的长距离航空运输任务。

运-20 于 2007 年正式立项，代号 072 工程，由中国航空工业集团公司第一飞机设计研究院设计，于 2013 年 1 月 26 日成功首飞。2016 年 7 月 6 日，运-20 列装空军。运-20 的定位与美国 C-17 和俄罗斯伊尔-76 相当，都是属于大型军用运输机。

运-20 的诞生以及列装，是中国航空工业数十年如一日技术积累的产物，是经过运-7、运-8、运-9 等军用运输机的锤炼，厚积薄发才有的成功。

武装直升机

武装直升机是陆军航空兵的主力作战武器,是装有武器、为执行作战任务而研制的直升机。在军用直升机行列中,武装直升机是一种名副其实的攻击性武器装备,因此也可称为攻击直升机。武装直升机分为普通武装直升机、隐身直升机与高速武装直升机。在直升机上加装武器开始于20世纪40年代,发展到今天,武装直升机越来越受到了重视。

▲ VS-300

✈ 武装直升机的诞生

第一架接近实用的武装直升机是由美籍俄国人西科斯基研制的 VS-300,它于 1939 年试飞成功。20 世纪 40 年代,德国率先在一架 Fa-223 的运输直升机上加装了一挺机枪。20 世纪 50 年代,美、苏、法等国都分别在直升机上加装武器,开始主要用于自卫,后来也用来执行轰炸、扫射等任务。20 世纪 60 年代初,美国在越南战争中大量使用民用直升机,损失惨重,因而决定研制专用武装直升机。第一种专门设计的武装直升机是美国的 AH-1G,1967 年开始装备部队,并用于越南战场。

✈ 两大类型

目前,武装直升机可分为专用型和多用型两大类。第一种是专用型,其机身窄长,作战能力较强;第二种是多用型,多用型除了可用来执行攻击任务外,还可执行运输、机降等任务。比如,美国的 AH-1 属于专用型武装直升机,而苏联的米-24 属于多用型武装直升机。

▼ 正在进行编队飞行训练的武装直升机

经典问答

你听过攻击直升机卡-50"黑鲨"吗?

卡-50"黑鲨"是俄罗斯第一型专用攻击直升机,也是世界上第一种共轴双三桨旋翼攻击直升机。攻击直升机主要是为地面部队提供直接和精确的近距离空中支援和摧毁敌军集结的装甲目标。

▲ 卡-50

卡-50是俄罗斯卡莫夫设计局研制的。1992年,卡-50先后在莫斯科国际航展和英国范堡罗国际航展上公开露面。卡-50刚一出现,就以其大胆设计和奇特之处使世界各国为之震惊。首先,卡-50是世界上第一种共轴双旋翼战斗直升机;其次,过去的战斗直升机都是双座的,而卡-50是单驾驶布局;第三,卡-50首次采用了战斗机上使用的火箭—降落伞—弹射座椅救生系统。

自诞生以来,卡-50的产量不过十余架,但在在第二次车臣战争中曾有过出色的表现。

✈ 独特的性能

武装直升机具有独特的性能,在近年来的一些局部战争中发挥着日益重要的作用。它的主要性能特点:一是飞行速度较大,最大时速可超过300千米/时;二是反应灵活,机动性好;三是能贴地飞行,隐蔽性好,生存力强;四是机载武器的杀伤威力大。

▲ 直升机贴地飞行

✈ 重要的常规武器

武装直升机作为一种武器装备,实质上是一种超低空火力平台。其强大火力与特殊机动能力的有机结合,最适应现代战争"主动、纵深、灵敏、协调"的作战原则,可有效地对各种地面目标和超低空目标实施精确打击,使之成为继火炮、坦克、飞机和导弹之后又一种重要的常规武器,在现代战争中具有不可取代的地位与作用。

✈ "超低空的空中杀手"

武装直升机被人们称为"超低空的空中杀手"。它在战场上飞行高度是在离地15米以内的范围。地球有一定的曲率,地面上又有山脉、森林等天然障碍物,雷达波在这个范围内不能很好地传播。因此,这个范围是雷达探测不到的"盲区",直升机在这个高度以内,利用地形地物作掩护,贴地飞行,不仅雷达发现不了,防空炮火也无能为力。

武装直升机的装备

　　武装直升机在军用直升机行列中是一种名副其实的攻击性武器装备，因此也可称为攻击直升机。现代先进武装直升机除了携带有各种武器外，还装有夜视、夜瞄装置，更可以在夜幕和其他能见度极低的条件下迅速接近和攻击目标，更增加了攻击的突然性。

✈ 武器装备

　　在军用直升机行列中，武装直升机是一种名副其实的攻击性武器装备，因此也可称为攻击直升机。现代武装直升机携带的武器装备包括有反坦克导弹航炮、火箭、机枪、空对空导弹、火箭弹以及炸弹、地雷、鱼雷、水雷等武器。这些武器具有不同形式、口径、射程和威力。此外，还装有夜视、夜瞄装置，更可以在夜幕和其他能见度极低的条件下迅速接近和攻击目标，更增加了攻击的突然性。

▲ 工作人员为武装直升机装载弹药

✈ 配有潜望镜

　　有些武装直升机像潜艇一样同时配有一种旋翼轴潜望镜。这种装置是圆球形的，安装在大旋翼的上方，直升机将机身隐蔽在树林后面，让潜望镜露出树丛，从容地进行观察。整个观察过程中，直升机都可以不暴露出来。除武装直升机以外的其他直升机一般不携带武器。有的虽装有武器，但主要用于自卫。

✈ 各种不同武器

　　反坦克导弹制导方式有多种，包括红外、激光和雷达制导等。航炮的口径有20毫米、23毫米、25毫米和30毫米等。航空机枪口径有7.6毫米和12.7毫米两种。火箭有57毫米、70毫米、80毫米和90毫米等多种口径。空对空导弹有红外、雷达等制导方式和弹径不同的型号。

◀ 在 AH-64 "阿帕奇"上安装链炮

✈ 米-24 武装直升机的装备

在两伊战争和阿富汗战争中大量使用的米-24 武装直升机，机头装 1 挺 4 管 12.7 毫米机枪、备弹量 1 500 发，短翼尖可挂 4 枚反坦克导弹，短翼下 4 个挂架可挂 4 个 57 毫米火箭发射器，共装火箭 128 枚，如不挂火箭则可挂 1 500 千克炸弹。

▲ 米-24 机头装载的四管 12.7 毫米机枪

✈ AH-1 武装直升机的装备

在越南战场上，美国投入使用的 AH-1 武装直升机，机头配 1 门 20 毫米航炮（备弹量 750 发）或 30 毫米航炮（备弹量 500 发），机身两侧短翼下可挂 8 枚反坦克导弹或 76 枚 70 毫米火箭。

▲ AH-1 机头的航炮

✈ 攻击火力强

现代武装直升机不仅携带武器种类多，而且载弹量大。就单机而言，起飞质量大的直升体载弹量更大。对成建制的武装直升机部队来说，其攻击火力更是令人不容低估。如俄军 1 个摩托化师建制的 24 架米-24，一次出动就可发射 3 072 枚火箭弹或 36 000 千克炸弹、96 发反坦克导弹、36 000 发机枪弹。

▲ 攻击力很强的俄罗斯米-24 武装直升机

新知词典

AH-1"眼镜蛇"

AH-1"眼镜蛇"直升机是美国陆军的专用武装直升机，由贝尔直升机公司于 20 世纪 60 年代中期研制，是当时世界上第一种反坦克直升机。

▲ AH-1"眼镜蛇"

该机采用流线型窄机身和纵列式座舱布局，飞行速度快，受弹面小，机动能力强；装备有先进的武器系统；装甲防护力和生存力较强。改进后的 AH-1 直升机具有在夜间、有限的干扰以及恶劣气候条件下发射"陶"式导弹的能力。

经数十年发展，AH-1 直升机发展出多个主要型别，AH-1G 是其第一个生产型号。由于 AH-1"眼镜蛇"的飞行与作战性能好，火力强，被许多国家采用，几经改型并经久不衰。目前，该机主要装备美地面部队师一级的空中骑兵中队。

武装直升机的任务

经过 40 多年现代局部战争的考验,武装直升机显示出其巨大优势,发挥了重要作用,被人们称为"超低空的空中杀手"和"树梢高度的威慑力量"。在现代战争中,武装直升机主要执行的任务包括攻击坦克、火力支援、掩护机降等几个方面。

▶ 坦克

✈ 攻击坦克

武装直升机是一种非常有效的反坦克和装甲目标的武器。它攻击的此类目标主要包括各种主战坦克及其他用途的坦克;各种装甲车辆,包括步兵战车、装甲输送车、侦察指挥车;具有装甲保护的自行压制兵器和自行反坦克兵器等。

✈ 近距离火力支援

武装直升机的战术使用特点使其在近距离火力支援中能发挥重要作用。在现代合成作战中,武装直升机可利用携带的多种武器,对地面部队作战实施有效的近距离火力支援,攻击地面敌方的有生力量、防御工事和阵地、各种武器装备和军事设施,直接支援己方部队夺取战斗胜利。

✈ 争夺超低空制空权

武装直升机在现代诸兵种协同作战中,成为一种具有高度机动能力和强大杀伤能力的作战武器。它有一个重要使命,就是攻击敌方超低空飞行的武装直升机、攻击机和其他具有作战能力的飞行物,可以有效地对各种地面目标和超低空目标实施精确打击,夺取超低空制空权。

▼ 武装直升机投放炸弹

经典问答

米-24"雌鹿"是怎样的一种武装直升机？

米-24"雌鹿"武装直升机是苏联米里直升机设计局研制的，是世界第一代武装加运输的多用途中型直升机。该机于20世纪60年代末开始研制，1972年底完成试飞并投入批量生产，1973年正式开始装备部队使用。

作为武装直升机，米-24具有速度快、爬升好、载重大、火力强、装甲厚的特点，不光可以提供直接的强大火力支援，还可以运载突击分队，或运送伤员。虽然有诸多优点，但是米-24造价却比较低，因此受到极大欢迎。不过，该机还有一些缺陷，虽然

▲ 米-24

它可以载8~10名士兵，但在高原飞行时，它速度很快，会使得坠落事件发生的可能性增大。另外，米-24武装直升机自身目标比较大，很容易被敌方防空武器击落。

米-24武装直升机共有7种不同机型，生产量超过2 500架，使用国家超过20个，其战斗经验丰富，在20多年里经历了20多场战争。如今，米-24武装直升机虽然老了，但它至今仍然在很多国家的军队里担任重任。

▲ 越战时美军已经可以用直升机空投车辆

✈ 近距离火力支援的实例

20世纪50年代，法军在阿尔及利亚战场上，初步显露了武装直升机的近距离火力支援的能力。而到了60~70年代，在越南战争中，美军大量使用直升机，除了用于运输及其他战斗勤务之外，更是广泛用于对地面部队的直接火力支援。

✈ 实施空中掩护

武装直升机的重要使命之一，就是对己方的运输直升机和其他各种战斗勤务直升机实施空中掩护，以对付来自空中和地面对己方运输和战勤直升机构成的威胁，使其顺利完成任务。除武装直升机以外，其他直升机一般主要用于自卫。

▲ 武装直升机实施空中掩护

▲ 直升机可以在海上投放鱼雷

✈ 攻击海上目标

在现代作战中，舰载或岸基武装直升机担负的重要使命是攻击敌方水面舰艇、潜艇以及其他海上目标；攻击临近海面飞行的敌方直升机及其他飞行物；配合舰艇编队登陆或海岸防御部队，攻击敌方滩头阵地或登陆艇，执行火力支援任务。

世界著名武装直升机

今天，武装直升机作为陆军航空兵的主力作战武器，在现代战争中具有不可替代的地位和作用。世界各国都非常注重对武装直升机的研究，比较著名武装直升机有美国的 AH-64"阿帕奇"、RAH-66"科曼奇"、AH-1"眼镜蛇"、意大利的 A-129 武装直升机、中国的武直-10 等。

▼ AH-64"阿帕奇"被很多国家采用

✈ AH-64"阿帕奇"

AH-64"阿帕奇"武装直升机是现美国陆军主力武装直升机。该机发展自美国陆军 20 世纪 20 年代初的先进武装直升机计划，以作为 AH-1"眼镜蛇"攻击直升机的后继机种。AH-64 的飞行速度很快，可以用最快的速度接近敌方，攻击敌方。自诞生之日起，AH-64 以其卓越的性能、优异的实战表现，一直占据世界上武装直升机综合排行榜榜首。目前，该机已被世界上 13 个国家和地区使用。

✈ AH-64"阿帕奇"的首次实战

1989 年 12 月，在美国入侵巴拿马逮捕曼纽尔·诺列加将军的行动中，AH-64 首次进行实战。当时，美军 82 师的 11 架 AH-64A 参与了行动。在这次战役中，AH-64A 总共执行了 200 小时的飞行任务，期间发射 7 枚"地狱火"导弹，目标包括诺瑞加将军的总部，结果 7 枚全数命中目标。

✈ A-129 武装直升机

A-129 武装直升机是意大利陆军航空兵的主战直升机，绰号"猫鼬"。这是欧洲自主设计的第一种武装直升机，也是第一种经历过实战考验的欧洲国家的武装直升机。近年，阿古斯塔公司对 A-129 实施升级改型，使其在国际军用直升机市场上备受瞩目。

▲ A-129

▲ RAII-66"科曼奇"

✈ RAH-66"科曼奇"

RAH-66"科曼奇"是波音公司为美军研制的一种性能优异的武装直升机。其最大的特点是有非常强的隐身能力，它的隐身集中了当今隐身技术的精华，被称为"隐身杀手"。而且无论是天昏地暗之处，还是风沙雨雾之时，"夜视导航系统"都能帮助飞行员寻找潜在目标。自从1983年立项并开始前期研究以来，曾为此项目作出了高达390亿美元的经费预算。

✈ "虎"式武装直升机

"虎"式武装直升机由欧洲直升机公司研制。与"阿帕奇"武装直升机相比，它具有外形尺寸小，隐身性好；机动性高，作战灵活；全光电探测系统不易被察觉，维护费用少等优点。该机有两个主要型别：火力支援型和反坦克型，细分为三个型号，即法国的火力支援型HAP、反坦克型EHAC和德国的反坦克型PAH-2。

▲ "虎"式武装直升机

✈ 武直-10"霹雳火"

武直-10"霹雳火"也被称作直-10，是中国人民解放军第一种专业武装直升机和亚洲各国第一种自主研制的专业武装直升机。2012年11月，武直-10首次正式曝光，并正式加入现役。2016年8月6日，武直-10完成中国人民解放军陆军航空兵全部列装。有专家曾表示，武直-10技术先进，在世界各国使用的同类直升机中可排进前三名。

经典问答

你知道武装直升机也有保护色吗？

为了提高生存几率，蒙蔽在自己上空飞行的歼击机或强击机，许多武装直升机的外表涂有伪装色，常见的是草绿色和土黄色。当它在树林、草地和沙漠上空进行超低空飞行时，就会隐藏在相应的背景色之中，让敌方很难发现。

有人作过统计，涂有保护色的直升机被发现的概率只有15%。在海湾战争中，涂了伪装色的美国CH-53A"海上种马"直升机在低空飞行时，在它上面飞行的伊拉克飞机根本就没有发现它的踪迹。

▲ CH-53A

空中加油机

空中加油机是指给飞行中的飞机及直升机补加燃料的飞机。最早的空中加油技术出现在一战之后的 1923 年，因此空中加油机当时是一种十分重要的军用飞机，它大多数是由大型运输机或者战略轰炸机改装而成的。全球现役空中加油机有上千架，拥有加油机的国家有十几个，如美国、俄罗斯、英国、法国和日本等。

▲ 空中加油机

✈ 重要作用

空中加油是指通过特殊的技术，在空中为战机补充燃料，从而延长战机的飞行时间，提高了战机的生存能力，已成为现代战争中重要的空中后勤支援力量。能不能进行空中加油，已成为战机能否作远程飞行的重要标志。人们因此把空中加油形象地称为"空中哺乳"。在未来的战争中，空中加油技术会备受重视，并将发挥极其重要的作用。

✈ 早期尝试

1921 年的一天，一个富于冒险而又充满想象力的美国年轻人——威利·梅伊把一个装有大约 20 升航空汽油的罐子绑在背上，从一架林肯型飞机的机翼上爬到另一架飞行的 JN-24 型珍妮飞机的机翼上，成功地完成了世界上第一次空中加油。

✈ 进入发展阶段

事实上，在二战结束后，由于喷气式固定翼航空器迅速发展，空中加油技术才真正开始发展起来。1923 年 8 月 27 日，在美国加利福尼亚州的圣地亚哥湾上空，两架飞机正编队飞行，进行空中加油试验。在总共 37 小时的飞行中，两架飞机互相加注了汽油和润滑油，成功地完成了空中加油试验。

▼ 美国 KC-10 空中加油机正在为
F-16 战斗机加油

新知词典

KC-135 空中加油机

　　KC-135 空中加油机由美国著名的波音飞机公司制造，是在波音 707 客机的基础上发展而成的，也是二战后美国研制的第一款大型喷气式空中加油机，绰号"同温层油船"。该空中加油机于 1954 年开始研制，1957 年装备美国空军，它可以给各种性能不同的飞机加油，甚至可以同时给几架战斗机加油，而且加油速度极快。

▲ KC-135 空中加油机

　　在 1967 年的越南战争中，曾经出现过这样一幕：KC-135 加油机的油管接着两架 F-100 战斗机，同时还连接着两架 A-3 加油机进行空中加油。A-3 加油机的油管又连接着两架 F-100 战斗机，在空中排出了一个壮观的队列，创造了史无前例的空中奇迹。

　　KC-135 空中加油机虽然已经服役了半个多世纪，但它出色的性能直至今天，也几乎是无机可比的。当时，KC-135A 共生产了 727 架，E/R 型是由 KC-135A 换装发动机并对其各系统进行现代化改进的两种改进型。现在，除美国外，英国、法国、土耳其、新加坡、智利等国也装备了 KC-135 空中加油机。

▲ 使用飞锚式系统进行空中加油

✈ 加油须谨慎

　　加油程序一般分为四个阶段：第一阶段是会合，第二个阶段是对接，第三阶段是加油，第四阶段是解散。解散的时候，必须是受油机减速，然后再作脱离动作。尤其是会合时，受油机要比加油机的飞行高度低 60 米，以防相撞，而两机对接时，除加油和通话开关外，飞行员不得按动其他电钮，以防误触武器开关或其他开关，引起危险。

✈ 空军战斗力倍增

　　空中加油机的应用使空军战斗力倍增，空中加油技术也在各主要的军事大国飞速发展。20 世纪 60 年代越南战争爆发时，空中加油已成为美国海空军飞行员的必备战术技能。整个越南战争中，美国共出动加油机近 20 万架次，进行空中加油作业 70 多万次，共加燃油 400 多万吨。

▼ 空中加油可以增大作战飞机航程，延长续航时间，增加有效载重，提高航空兵的作战能力

美国空中加油机

　　美国曾经是世界上第一架空中加油机的诞生地,也是目前世界上拥有空中加油机最多的国家。美国比较先进的空中加油机有由美国波音公司制造的 KC-135"同温层油船"、由美国麦道公司生产的 KC-10、由美国洛克希德·马丁公司生产的 KC-130"大力士"、以 A-6A 改装的 KA-6D 及 KC-130J "收割鹰"等空中加油机。

▲ KC-10 正在进行空中加油

✈ KC-10 空中加油机

　　除了前面介绍的 KC-135 空中加油机,美国还有其他一些比较著名的空中加油机, KC-10 就是其中的一种。KC-10 是由美国麦道公司(现已并入波音公司)生产的,是在 DC-10 型喷气式客机的基础上改装而成的。该机于 1978 年开始研制,1981 年交付美国空军。它的最大载油量达 161 吨,几乎是 KC-135 的 2 倍。此外,KC-10 还有一个特长:它既能为其他飞机加油,又能在空中接受加油。KC-10 问世后,一直活跃在美国空军的各次行动中。

▲ KC-130 空中加油机

✈ KC-130"大力士"空中加油机

　　KC-130 空中加油机是美国洛克希德·马丁公司在 C-130 运输机基础上发展起来的空中加油机,它能够为战机进行空中加油,对空军执行远程任务意义重大。目前,在美国海军陆战队服役的 KC-130 飞机机队由 37 架 F 型和 14 架 R 型组成,分别装备在三个飞机中队和一个训练中队中。它的优点是一架大型加油机上可装置数套加油设备,可以同时给几架战机加油。但它对大气乱流相当敏感,衔接时比较困难,对飞行员的操作技术要求高,而且输油速度比较慢,如果是给大型军机加油需要很长的时间。

探索之旅

空中加油机在海湾战争中的不凡表现

　　海湾战争是实施空中加油较多的一次战争行动。在海湾战争中,空中加油机为多国部队赢得战争的胜利立下了汗马功劳。据统计,整个战争期间,仅美军就投入加油机308架,共完成5.1万次空中加油任务,共输送了7.1亿升燃油,并且全部成功。正因为这种种原因,美国看到了空中加油机在战争中的重要作用,对此投入了大量财力和人力进行研制,因此一直处于世界领先地位。

✈ KC-130 的发展机型

　　KC-130 有 KC-130F、KC-130R、KC-130H、KC-130T 等多种型号。KC-130F 是一种装有加油管和锥形接头的可兼做空中加油机的战术运输机。由于实验很成功,此后有 46 架 KC-130F "大力士"被订购,并于 1960 年开始交货。美国海军陆战队订购了 14 架 KC-130R。KC-130H/T 虽然没有在美国军队中服役,但 KC-130H 被成功地出口到 7 个国家。

▲ KC-130R 空中加油机

✈ KC-130J"收割鹰"闪亮登场

　　KC-130J 空中加油机是一种在 C-130 "大力神"运输机的基础上改装而成的空中加油机,用以替代 AC-130 空中加油机。和 C-130 空中加油机相比,KC-130J 空中加油机性能有所增强,如具有夜视能力的改进型航空电子设备,此外还改进了飞行性能。它们不但可以在空中为一些美国常用的战斗机、直升机加油,在前沿作战地域为地面车辆加油,运输物资和人员,还可以在地面为直升机紧急加油。它加油速度很快,在地面加油模式下,一分钟可以加油 1 825 升。此外,它还能实施医疗撤退,有时候还担负有限的指挥控制任务。

▲ KC-130J 空中加油机

✈ KA-6D"入侵者"加油机

　　美国 KA-6D 是用 A-6A 改装的空中加油机,1966 年开始首飞。该机拆除了 A-6A 的航空电子设备,代之以加油软管和控制设备,成为美国海军的标准舰载加油机,也能执行海上救护和夜间攻击任务,共改装 78 架。按照美国海军的标准配置,每个"入侵者"中队配备有 3~4 架 KA-6D 型飞机,用于进行空中加油。KA-6D 载油量大,航程较远,还可以夜间加油,但是加油速度比较慢,维护性比较差。

▲ KA-6D 空中加油机

其他国家的空中加油机

当前,世界上使用的空中加油机大都是美、俄、英三国生产的,大多是由运输机、民用客机和轰炸机改装而成的。目前全世界共有 20 多个国家拥有十几种型号、2 000 多架空中加油机,装有受油装置的飞机约 10 000 架。美国加油机数量居世界第一,其次是俄罗斯、英国、法国等,而不少中、小国家的空军也都装备了空中加油机。

▲ 伊尔-78M 空中加油机

✈ 第二大空中加油机国家

俄罗斯是仅次于美国的世界第二大空中加油机拥有国。俄空军远程航空兵拥有 40 余架伊尔-78、图-16 和米-4 型空中加油机,海军航空兵约有 30 多架图-16 空中加油机。伊尔-78 空中加油机由俄罗斯伊留申设计局制造,是空中加油机中的佼佼者,也是俄罗斯空军主力加油机。

✈ 伊尔-78 空中加油机

伊尔-78 空中加油机是世界上唯一一种可以与美国最出色的 KC-135 空中加油机相媲美的空中加油机。该机是由俄罗斯伊留申设计局制造的,是在伊尔-76 军用运输机的基础上改装而成的,于 1987 年正式服役。其主要用于给远程飞机、前线飞机和军用运输机进行空中加油,同时还可用作运输机,并可向机动机场紧急运送燃油。由于伊尔-78 空中加油机最大航程可达 5 000 千米,最大载油量达 112 吨,能同时为三架战机进行加油,因此被称为"空中加油机的国王"。

▼ 伊尔-78

▲ VC-10 空中加油机

✈ 改装 VC-10"胜利者"

　　VC-10 空中加油站本来是英国的一种喷气式中远程民航客机，后来英国航宇公司将其改装成空中加油机，为英国皇家空军服务或出口国外。该空中加油机装备的是英国自己生产的软管式加油设备，可同时给三架飞机进行空中加油，因为机头装有固定的受油探管，所以也可以接受加油。加油机和受油机的对接和脱离由一名随机工程师控制，可通过电视屏幕进行监控。目前，已改装了 27 架 VC-10 空中加油机，主要型号有 VC-10K、Mk2、Mk3 和 Mk4 等。该系列现在已经装备了 5 架 VC-10K-2R，4 架 VC-10K-3 型。

经典问答
轰油-6 是怎样一种空中加油机？

　　轰油-6 空中加油机是中国研制的第一款空中加油机，是在轰-6 轰炸机的基础上发展而来的。该机可载油 37 吨，输油 18.5 吨，大概能够给 6 架歼-8 战机空中加油使用。另外，轰油-6 还能为其他战斗机(如歼-10 等)进行空中加油。该机成功解决了国产加油机的有无问题，并且为空军提供了宝贵的空中加油经验。

✈ "胜利者"K.2 型空中加油机

　　"胜利者"K.2 空中加油机是英国汉得利－佩奇公司研制的一种战略轰炸机。该机曾以速度快、飞得高、航程远独树一帜，后来逐渐改装为空中加油机。第一架 K.2 型空中加油机于 1972 年首飞，1974 年配属第 55、57 中队和第 232 战斗改装部队服役。在海湾战争中，胜利者机队有很出色的表现，共完成了 299 次任务，成功率达 100%。后来由于机体老化，逐渐被 VC-10 取代。1993 年，最后一个"胜利者"机队——55 中队解散。从诞生到退役，胜利者共生产了 86 架（包括 2 架原型机），5 架幸存，其中只有 4 架被妥善保管。

✈ 英国研制空中加油机

　　英国早在 20 世纪 40 年代就开始研制空中加油设备，是世界上最早发明软管式空中加油设备的国家，多年来经过不断探索，更新换代，使得这一技术一直保持领先地位，其产品出口美国等国家。在 1982 年的马尔维纳斯群岛战争中，英国"火神"战略轰炸机创造了航空史上最远距离空袭的纪录，这全依赖途中有加油机多次补加油料。因此，英国对于空中加油的研制一直都非常重视。

▲ "胜利者"K.2

教练机

　　教练机是训练飞行员基本飞行技术的专用飞机。虽然教练机也用于训练民航和通用航空的飞行员，但它习惯被认为是军用飞机。和所有飞机一样，教练机可以是螺旋桨的，也可以是喷气式的。在技术上，教练机几乎可以具有现代战斗机的一切能力。

✈ 教练机的分类

　　教练机分初级、中级和高级。初级教练机（简称初教）担负新学员的最初飞行训练任务，包括起飞、着陆、目视飞行等，筛选出有前途的学员；中级教练机（简称中教）用于训练已经具有初步飞行技能的学员，训练队列飞行、仪表飞行等；高级教练机（简称高教）是飞行学员的最后阶段，用来训练复杂气象飞行、简单战术动作等。有些国家没有中教，只有初教和高教。

✈ 教练机的出现

　　一战初期，出现了专门设计的双座教练机，创造了先由教员带飞，然后由飞行员单独飞行的训练方法，使大规模地训练飞行员成为可能。这种飞机一般为并列式双座轻型螺旋桨飞机，不要求飞机作特技飞行，主要是增加了一个驾驶舱和相应的仪表、操纵系统等。

✈ 双座战斗教练机

　　教练机设有两个座舱，两套互相联动的操纵机构，分别供教员和学员使用。开始，教练机一般不参加战斗任务，在设计时也不考虑挂载武器的能力。但从20世纪60年代开始，为了节约成本，出现了教练攻击机。此后，教练机不光承担训练任务，也在战争时期作为对地攻击机甚至简易战斗机使用。

▼ 双座战斗教练机

▲ T-45 教练机

✈ T-45 教练机的服役情况

美国海军利用 T-45C 教练机来训练 F/A-18"大黄蜂"、F/A-18E/F"超级大黄蜂"、EA-18G "咆哮者"、EA-6B"徘徊者"和 AV-8B"鹞"Ⅱ的飞行员。美国海军共部署了四个装备 T-45C 教练机的训练中队。至 2003 年，该机的累计飞行时数已突破 45 万，完成了 2.85 万次舰上降落，训练了 1 800 名飞行员。

✈ 两种教练机

教练机作为战术飞机，一般有两种：教练攻击机和教练战斗机。教练攻击机用于攻击地面目标，教练机具有良好的低空低速操控性能，后座可以用来帮助观察战场和操作武器系统，用作兼职攻击机好像是天然的选择。而教练攻击机需要暴露于敌人地面火力之下，所以需要具有一定的抗打击能力。

▲ T-67 教练机

✈ 发展趋势

世界教练机开始向两个方向发展：一是用最简单的初教筛选和学习简单飞行后，然后直接上相当于过去全程教练机的喷气式高教学习主要飞行技能；二是用具有中教性能的初教，将初教和中教一气呵成，然后上高教锦上添花，甚至跳过高教而直接上战斗教练机。

新知词典

飞行仿真器

飞行仿真器又称为飞行模拟器，在地面模仿飞机空中飞行状态、飞行环境和条件的设备，被广泛应用于飞行员的训练、飞机设计和机载设备的试验等方面。飞行仿真器对教练机是一个挑战。虽然飞行仿真器的仿真精度越来越高，可以完成很多过去必须上天才能完成的训练，但是仅仅能够模仿飞行中的状态，将座舱硬件做得和真正的教练机一样真假难辨还远远远达不到，所以现在还无法取代教练机。

▲ 飞行模拟器驾驶舱内部

超视距空战

　　所谓超视距空战是指敌我双方战斗机在目视范围之外,通过机载探测设备搜索发现和截获敌方的空中目标,并用中远程导弹进行攻击的一种空战模式。它能够对敌方战斗机群产生极大威胁,其装备基础是射程远、命中率高的空对空导弹。目前,超视距作战主要是靠雷达或红外线瞄准跟踪装置发现目标,并依靠这些设备来进行作战。

✈ "看不见就打"

　　超视距作战就是"看不见就打"的空战。一般来说,目视距离极限在 10~12 千米之内,这是近距空战的上限,而超视距空战的距离一般在 12~100 千米范围内甚至在 100 千米以上。12~100 千米范围内的空战被称为中距空战;100 千米以上的空战被称为远距空战,因此超视距空战包括中距和远距两种模式。

✈ 早期实践

　　早期中程武器系统比较落后,所以超视距空战战果并不理想。早在 20 世纪 60 年代,超视距空战在越南战争中就实践过。当时,美国战斗机挂装了 AIM-7C "麻雀" 3 雷达制导中程空对空导弹,在目视范围外大约 20 千米的距离击落了极少量的敌机,战果平平。造成"麻雀"导弹战果不佳的原因除了导弹的性能不好外,机载雷达的探测距离近也是一个主要因素。

✈ 逐步发展

　　随着导弹技术和机载雷达探测技术的进步,到 20 世纪 70 年代末,空对空导弹的速度、射程、机动过载等主要战术指标得到了进一步提高。同时,机载雷达发现目标的距离也达到了 100 千米,这为超视距空战提供了有利条件,并在此后的几次局部战争中取得了很好的效果。

▼ 一架鹰式战机发射麻雀导弹

▲ AIM-7导弹是美国的一种中程半主动雷达导引的空对空导弹，也是西方国家在20世纪50年代至90年代间最主要的超视距空战武器

✈ 现代超视距战法的应用

在1982年5月的中东战争中，以色列战斗机采用超视距战法，用AIM-7F"麻雀"3导弹击落阿方十多架飞机，占击落对方飞机总数的20%，初步形成了超视距空战的样式。这一空战样式在海湾战争中的应用达到了顶峰，共击落敌机达26架，占击落敌机总数的69%。

✈ 中程武器系统技术

由于中程武器系统技术直接影响超视距空间的战果。随着航空技术的进步，中程武器系统日趋成熟，在1991年的海湾战争中，AIM-7导弹取得了较好的战绩。据资料报道，其命中率已达70%左右。当然如作战双方在空战中都采取积极主动的战术，命中率可能要低一些。

✈ 愈来愈重要

海湾战争后，在伊拉克南部美英设定的禁飞区内，发生了美伊战斗机之间的超视距空战，美军战斗机F-16C用AIM-120先进中程空对空导弹击落一架进入禁飞区内的米格-25战斗机。由此可见，超视距空战已趋成熟，在未来的空战中，超视距空战将会愈来愈重要。

▼ F-16C 战斗机

经典问答
你知道预警机在空战中的重要作用吗？

在空战中，人们常常觉得战斗机是主要的力量，却忽略了预警机的作用。事实上，在超视距空战中，预警机在某种意义上会起到决定性的作用。

在现代空战中，谁先发现对方，谁就掌握了空战的主动权。战斗机的机体不能容纳直径较大的雷达，搜索距离近，而且存在很大死角，对所处空域的情况了解有限。但是预警机不同，它机体庞大，能载直径很大的雷达天线，且能360°搜索，不存在雷达盲区，对空情的掌握也远远超过战斗机。比如，美国的E-3A预警机，它能在9 000米高空探测到方圆400千米以外低空飞行的战斗机，还能同时处理600个目标，指挥100架战斗机进行空战。同时，大量的实战也说明，有没有预警机，空战结果也会大不一样。所以对超视距空战来说，预警机的重要作用不容忽视。

◀ E-3A 预警机

现代战机武器

现代军用飞机上可装载和携带航炮、导弹、航空火箭弹、航空炸弹和中、近距空空导弹等武器。而直接用于战斗的飞机,所用武器可分两类:一类是非制导武器,如航炮和一般炸弹;另一类是制导武器,如无线电遥控炸弹、激光制导炸弹、导弹等。

✈ 航炮

航空机关炮简称航炮,是指安装在军用飞机上的航空机关炮,口径一般在 20 毫米以上,主要用于攻击空中目标,也可用于攻击地面和水面上的目标。由于航炮体积小、重量轻、射速快、弹丸初速高、威力大,所以很快就成为主要的机载武器,并在二战中发挥了重要的作用。航炮按照结构分为单管式、转膛式和多管旋转式。简单来说,单管式结构原理近似于自动步枪;转膛式结构原理近似于左轮手枪;多管旋转式结构原理近似于加特林机枪。

▲ 图-95 尾部的航炮

✈ 炸弹

炸弹是一种利用自身的炸药爆炸产生的作用摧毁目标的武器。炸弹包括弹头、弹体、装药、弹尾、扩爆、引信等部分。在炸弹家族中,有手榴弹、催泪弹、云雾弹、枪榴弹、燃烧弹以及航空炸弹等。航空炸弹绝大多数都是用来攻击地面或者是海面的目标,是轰炸机和歼击轰炸机的重要弹药。航空炸弹最早被携带在热气球上,直到一战时,人们才开始利用飞机施放炸弹,攻击地面目标。

▼ B-52 轰炸机搭载的航空炸弹

▲ A-10 上装配的 AGM-65 导弹

✈ 导弹

　　导弹属于精确制导武器,它是一种依靠自身动力装置推进,由制导系统导引、控制其飞行弹道,将战斗部导向并摧毁目标的武器。导弹出现于二战末期,在现代,导弹已经成为战争中出奇制胜的法宝,是作战必不可少的武器,具有射程远、速度快、精度高、威力大等特点。飞机上携带的导弹主要为空对地导弹、空对舰导弹和空对空导弹三种,它们都是从空中发射,分别攻击地面目标、水面目标和空中目标的。

✈ 火箭弹

　　火箭弹是靠火箭发动机推进的精确制导,主要用于杀伤、压制敌方的有生力量,破坏工事及武器装备等。与航炮相比,航空火箭弹的射程远、口径大、威力大,在现代进攻作战中可发挥很大的作用。中国目前装备的航空火箭弹,口径有 57 毫米、90 毫米和 130 毫米 3 种,它们都装备于中国陆、海、空军各型作战飞机上。

AH-1"眼镜蛇"攻击直升机上面装载的火箭弹

▼ BO-105 武装直升机发射火箭弹

新知词典

激光制导炸弹

　　激光制导炸弹是一种装有激光制导装置、能自动导向目标的炸弹。该炸弹具有射程远、命中精度高、威力大和较强的抗电子干扰能力等优点。激光制导炸弹在普通气象条件下捕获目标率高,但如果遇有雨、雾、灰尘、水时,则会降低命中精度。

　　激光制导炸弹可分为无动力的滑翔炸弹和有动力火箭助推炸弹。滑翔炸弹无动力,靠炸弹自身的滑翔翼飞行,飞行的距离跟搭载飞机投掷炸弹的高度有很大关系。一般来说,高度越高,攻击的距离就越远。

　　激光制导炸弹使用的是半自动寻的制导方式。在攻击时,先从地面或空中用激光目标指示器对准目标发射激光束,直至击中目标并将目标炸掉。由于激光束的方向性极好而且发散角极小,因此,激光制导武器命中精度极高。尽管与普通炸弹相比,激光制导炸弹造价不菲,但是它的作战效能却比普通炸弹高出数十倍甚至数百倍。

现代空军

空军是军队中担负空中作战任务的军种,是现代立体战争中争夺制空权的重要力量。其是现代化三军当中成立最晚的一支,许多国家直到一战结束之后才有独立的空军出现。多数国家的空军由航空兵、地空导弹兵、高射炮兵等兵种组成。

▲ 歼击航空兵

✈ 空军的诞生

与陆、海军相比,空军这个军种比较年轻,它在 20 世纪初才开始出现。由于飞机性能不断地提高,人们将它开始应用于战争。1909 年,美国陆军装备了世界上第一架军用飞机。随后,军用飞机在德、英、法等欧洲国家得到了迅速的发展,空军部队因此得到相应发展。大多数国家都建立有空军,中国也是建立空军部队较早的国家之一。而雷达和导弹的使用,更使空军的作用日益重要。

✈ 主要兵种

大多数国家的现代空军的兵种主要有航空兵、高射炮兵、地空导弹兵、雷达兵等。其中航空兵包括歼击航空兵、轰炸航空兵、强击航空兵、侦察航空兵和运输航空兵。有的国家还编有地地战略导弹部队和空降兵。

✈ 基本任务

空军的基本任务是,担负国土防空,对敌后实施空袭,进行空运和航空侦察。少数国家采取航空兵、防空军分立制,空军不承担国土防空任务。在过去相当长的时期里,空军主要是支援陆军、海军作战。随着装备技术水平和战争形态、作战样式的演变,现代空军不仅能与其他军种实施联合作战,还能独立进行战役、战略任务。

▼ 空军

新知词典

中国人民解放军空军

　　我国的空军组建于建国初期。1949 年 7 月,中共中央决定建立中国人民解放军空军。在第一批航校建成后,中国人民解放军空军于 1950 年组建了第一支空降兵部队——空军陆战第 1 旅。随后又陆续组建了歼击、轰炸、强击航空兵团和新的院校。

　　1957 年,防空军与空军合并,增加了高射炮兵、雷达兵、通信兵、地空导弹兵等兵种。1958 年,组建地空导弹部队。经过半个多世纪的发展,空军已成为具有现代武器装备、能遂行多种作战任务的多兵种合成军种。

▲ A-6A 投炸弹

✈ 具体作战任务

　　空军作战任务主要是协助及配合地面部队的攻势及行动。一般常规战争,会先由侦察机进行侦察行动,最初会由空军提供重型火力攻击、摧毁敌方主要防空设施、电力设施、军事基地等重要目标,再由轰炸机进行轰炸,再以战机进行精确范围的空对地攻击,才由地面部队进攻,在战争过程中亦会配合地面部队而作攻势。同时,也以击退敌人航空部队为目的进行制空任务。

✈ 执行空域巡逻

　　平时空军则执行空域的巡逻、重要航空器的护航、各种影像及电子情报等的搜集、大范围的巡逻与监视等任务,必要时也出动协助救灾,例如台湾九二一大地震时即以空中预警机管制负责救灾机队的空中管制任务。某些情况下,空军也会对境内武装势力与反政府组织、恐怖份子等进行威慑及攻击。

▲ E-8A 侦察机空中巡逻

✈ 特点和装备

　　空军具有远程作战、高机动性和猛烈突击能力,具有既能单独作战,也能与其他军兵种协同作战的特点。其主要有以下装备:用于歼灭空中敌机的歼击机,也称战斗机;用于对地面、水面目标实施轰炸的轰炸机;兼有空战和轰炸能力的歼击轰炸机,也称战斗轰炸机;装甲较厚,用于从低空、超低空突击地面和水面目标的强击机,也称攻击机。另外还有侦察机、运输机、直升机和其他特种飞机。

▼ 发射 AIM-54 凤凰导弹的 F-14 战斗机

航空兵种

　　航空兵就是装备各种军用飞机,在空中执行作战任务的兵种,也是空军的主要作战力量。航空兵对战争的进程和结局会产生重大影响,是现代国防和高技术局部战争中一支重要的战略力量。航空兵按担负任务的性质和装备飞机的不同,分为歼击航空兵、轰炸航空兵、强击航空兵、侦察航空兵以及运输航空兵。

✈ 歼击航空兵

　　歼击航空兵装备歼击机,是指负责歼灭敌方空中飞机和飞航式空袭兵器的航空兵,分属于空军、海军和防空军。美、英、法等国家称战斗机部队,以前曾称驱逐机部队。该兵种具有高速机动和猛烈攻击的能力。其主要任务是抗击空袭,夺取制空权;掩护地面部队、舰艇部队;保障其他航空兵和空降兵的战斗行动,以及实施强击和航空侦察。空战是歼敌的主要手段。

▲ 歼击航空兵

✈ 轰炸航空兵

　　轰炸航空兵是装备轰炸机,对地面、水面目标进行突击的航空兵,分属于空军和海军。美、英、法等国家称其为轰炸机部队。按装备和任务的不同,该兵种可分为战略轰炸航空兵和战术轰炸航空兵,前者装备中、重型轰炸机,后者装备轻型轰炸机。战术轰炸机上一般有 1~3 名航空兵,分别负责驾驶、目标搜寻和投弹。战略轰炸机上人数较多,一般为 2~7 人,他们分别负责驾驶、寻找目标、联络和投弹。

▼ B-52H 轰炸机内的驾驶员

✈ 强击航空兵

强击航空兵装备强击机，即战斗机，从低空、超低空攻击地面和水面目标，直接支援地面部队、海上舰艇编队作战的航空兵，隶属于空军或海军。美、英、德等国称之为攻击机部队。其主要任务是攻击敌战术纵深和浅近战役纵深内的小型活动目标，直接支援陆、海军作战，以及参加夺取制空权的斗争。

▲ 正要给强击机装载导弹的强击航空兵

▲ 侦查航空兵

✈ 侦查航空兵

侦察航空兵，是以侦察机为基本装备，从空中获取情报的航空兵，有些国家称为侦察机部队。侦察航空兵是军事侦察的重要力量，由专业侦察飞行部队、其他航空兵侦察飞行分队和情报处理机构组成。执行侦察任务的航空兵，用于查明各种战术、战役和战略目标以及敌区地形、天气等情况，为各军兵种的作战行动提供航空侦察情报资料。

✈ 运输航空兵

运输航空兵是装备军用运输机，进行空中输送任务的航空兵，有的国家称为军事空运部队。该兵种具有快速、机动和超越地理障碍的远程输送能力，主要用于保障部队实施空中机动、空降作战、运送武器装备和物资器材等任务。在现代战争中，运输航空兵已成为军队快速反应的一支重要力量。

▲ 运输航空兵

经典问答

航空兵的选拔标准是什么？

航空兵选拔标准相当严格，除了自然条件、身体条件合格以外，心理素质、政治条件和文化条件也必须全部达到标准。这五大条件相当严格，包含了诸多限制。

比如在身体素质方面，飞行员必须具备以下几个方面的条件：报考者身高须在 165~185 厘米之间；体重在 52 千克以上；平静血压不超过 18.4/11.7 千帕（138/88 毫米汞柱）；按空军"C"字型视力表，申请者双裸眼视力分别要在 1.0 以上，无色盲和色弱；身体上没有纹身和刺字，不能患有各种影响飞行安全的疾病等。

未来航空武器

  航空武器装备水平是航空威慑能力的主要体现,也是空军现代化的主要标志。空战是军用飞机出现后衍生的一种新的作战形式,其中最为重要的武器就是直接参与作战和作战支持的军用飞机。未来航空武器,这些飞翔在蓝天上的天之骄子必须具备高隐身能力、高精确打击能力和高超声速飞行能力,向信息化、综合化和无人化的方向发展,才能最终立于不败之地。

✈ 战场环境发生变化

  在两次世界大战和随后的局部战争中,航空武器装备数量多、性能高,在战争中扮演的角色重,这些都超出了人们的想象空间。随着科学技术的发展,特别是信息技术的快速发展,现代战场环境发生了明显的变化,隐身与反隐身、强机动、干扰与抗干扰、高杂波和低检测概率等,使多目标跟踪技术、多传感器数据融合技术和射频集成技术遇到空前的挑战。

▲ 侦察机是现代战争中的主要侦察工具之一

✈ 以信息战为中心

  未来空中战争形态的突出特点是以信息战为中心。为了获取信息优势,作战部队所采取的主要手段有侦察、电子战、心理战、硬杀伤、计算机病毒攻击和信息安全防护等。在这些作战行动中,航空武器装备都能发挥很大作用。在侦察方面,各种侦察机、预警机、无人机可以构成一个严密的空中侦察和监视网络,既可以用于和平时期的战略侦察,也可以用于战争期间的战场侦察和监视。

探索之旅

军用无人机将备受欢迎

  军用无人机作为一种航空武器,在未来战争中的趋势大好,将会备受欢迎。在 1991 年的海湾战争中,美国只用了一种"先锋"无人机。到 2001 年阿富汗战争中,美国使用了三种无人机。而在 2003 年对伊拉克的战争中,美、英两国共使用了十多种无人机,既有高空长航时无人机,也有小型乃至便携式无人机。无人机在地面攻击任务上完成得最为出色,显示出攻击型无人机是无人机的重要发展方向。虽然无人机用于空战仍很遥远,有人机的地位依然不可动摇,但未来有人机和无人机共同组队完成任务,将是各个国家的发展方向。

▲ 无人机

✈ 信息化作战

　　2003 年的伊拉克战争检验了信息化作战的重要性，所以必须大力发展预警机、侦察机、电子战飞机等特种飞机，加大信息支援保障和信息化作战飞机的比例，尽快建立以主战飞机、特种飞机和卫星组成的空、天基础信息网络。在信息系统条件下的高技术战争中，对抗是体系对体系的对抗，表现在多机种联合。而且对各种武器和装备，不要求各方面都先进，而应具有突出的功能，发挥出自身优势。

▲ 预警机

✈ 隐身飞机

▼ B-2 隐身飞机

　　隐身是新一代航空武器的首要标志，它能使作战飞机在空战中先敌发现、先敌攻击，取得作战主动权；在对地进行攻击时易于突防，不容易受到防空火力的威胁，提高飞机的生存力。新一代无人机、直升机、特种飞机和机载武器也都在向高隐身方向发展。隐身飞机将成为 21 世纪空中战场的主要武器。

✈ 无人作战飞机

　　无人作战飞机有可能成为未来空战中最具破坏力的威胁之一，是争夺制空权的一个重量级筹码，为此世界各国都在加大研究和开发的投入。例如，美国进行了 X-37 近空间飞行器试验，这种飞机预计在 2025 年前后部署。它能在 2 小时以内飞行 1.6 万千米，携带约 5.4 吨炸弹或巡航导弹，从美国本土出发轰炸全球任何目标。

▼ X-37 飞行器试验

空中交通

空中交通是人们现有的交通方式中最为便捷，也是最不可缺少的一种。对于同样的距离，如果火车需要十几个小时才能到达，那么飞机只需一两个小时，这使交通时间缩短了很多，也加快了人类生活的步伐。为了保证飞机飞行安全有序，如同车辆在地面行驶必须遵守交通规则一样，飞机在天上飞行也要遵守交通规则，也要受专门机构的指挥与调度。

✈ 历史和责任

人类的交通发展史经历了漫长的时期。从马车到蒸汽机车大约经历了 3 000 年时间，从蒸汽机车到内燃机车经历了百余年时间，而从飞机的诞生到建立起初步的空中交通网络，只用了 20 年左右的时间。时至今日，空中交通负担了相当一部分的运输任务，尤其是洲际间交通，大多以空中运输为主，因此空中交通也非常繁忙。

▲ 机场是飞机的中转站

✈ 繁忙的空中交通

随着各种航空器的涌现，如今的空中交通也像地面上的交通一样越来越繁忙。由于空中交通负担了相当一部分的运输任务，加上洲际间交通人们大多选择速度快的空中运输方式，因此，空中交通也日益忙碌起来，每小时有几千架飞机在天空中来来往往。在各个机场上，每隔两三分钟就有一架飞机起降穿梭，形成了一个巨大而繁忙的空中交通网络。

探索之旅
飞机飞行高度的规定

地球周围的大气层在垂直方向上可以分为对流层、平流层、中间层、热层和外层。其中对流层是最低的一层，和人类的关系最为密切。而大中型飞机除起飞和降落外，多是在平流层中飞行，因为平流层比较适宜飞机飞行。

我国民航规定，中型以上的民航飞机都在高空飞行，此处的高空是指海拔 7 000~12 000 米的空间。飞行高度层高度 8 400 米（含）以下，每 300 米为一个飞行高度层；飞行高度层高度 8 400 米（不含）以上，每 600 米为一个飞行高度层。飞机在相对、交叉、超越飞行时，必须保持不得小于规定高度层米数的垂直间隔，以确保飞行安全和交通顺畅。此外，小型飞机活动区域一般在 3 000 米以下。

✈ 保障飞行安全

一直以来，航空安全是人们非常关心的问题。一架飞机在起飞前，它会被仔细地检查，以确保能够顺利地完成飞行任务。在保障飞机的安全飞行上，飞机本身的安全是基础，另外还有一套系统来保障飞机飞行中的安全。比如有专门的气象监测设备，为每一趟飞机提供及时的天气情况报告，为飞机安全飞行提供保障。而且，很多这样的气象设备飞机里有一套，地面还有一套。

▼ 飞机给人们的出行带来了很大的方便

✈ 指挥飞机安全起降

飞机从起飞到降落，由谁来指挥和调度呢？这就是空中交通管制。一般来说，飞机是受机场空域管制中心、沿途航路管制中心和终点机场空域管制中心的指挥与调度的，严格按照预定时间、航线、高度和速度飞行。为了维持飞行秩序，保证飞行安全，空中交通管制部门要划定航线，以防止各类飞机在空中相撞或与地面障碍物如山头、高楼等相撞的事故的发生。

▲ 华盛顿空中交通控制中心

✈ 空中交通管制

空中交通管制有程序管制和雷达管制两种主要方法。程序管制不需要相应监视设备的支持，空中交通管制员通过飞行员的位置报告，了解飞机之间的位置关系，判断空中交通状况及发展趋势，从而对飞机飞行做出正确的指挥。雷达管制是一种更为先进的管制方法，交通管制员会根据雷达所反馈的信息，及时、准确地掌握飞机的位置及飞行状态，从而进行调度。

▲ 雷达管制中心

航空运输

　　飞机不仅被广泛应用于军事领域和科学研究，还被应用到了民用运输。今天，航空运输业得到了空前发展，许多为工业发展所需的种种原料有了新的运输途径。特别是超声速飞机出现以后，空中运输更加兴旺。那些不能长期保存的食品和不适宜长时间运输的牲畜，也可以通过飞机运往世界各地，大大方便了人们的生活。

▲ 普法战争期间曾用气球运输物资

✈ 出现和发展

　　航空运输始于 1871 年，当时普法战争中的法国人用气球把政府官员和物资、邮件等运送出被普军围困的巴黎。1918 年 5 月 5 日，飞机运输首次出现在纽约、华盛顿和芝加哥等城市之间。同年的 6 月 8 日，伦敦与巴黎之间开始定期的邮政航班飞行。20 世纪 30 年代才开始有了民用运输机。二战结束后，在世界范围内逐渐建立了航线网，以各国主要城市为起讫点的世界航线网遍及各大洲。

✈ 受到青睐

　　航空运输经历了从少量货物运输到大量货物运输的不同时期，成为今天重要的运输手段之一。航空运输一般是指使用飞机、直升机以及其他航空器运送人员、货物和邮件等，比较适宜于 500 千米以上的长途客运，以及时间性强的鲜活易腐和价值高的货物的中长途运输。和其他出行工具相比，航空运输虽然起步较晚，但发展异常迅速，非常受人们的青睐和欢迎。这是因为航空运输具有许多其他运输方式所不能比拟的优越性。

▲ 直升机运送人员
更便捷

▲ 空中客车 A330-200

✈ 优点和缺点

航空运输具有快速、机动的优点，是现代旅客运输，尤其是远程旅客运输的重要方式，为国际贸易中的贵重物品、鲜活货物和精密仪器的运输所不可或缺。而另一方面，航空运输也有着自身的缺点，主要是飞机造价高、能耗大、运输能力小、成本很高、技术复杂。因此，航空运输只适宜长途旅客运输和体积小、价值高的物资及邮件等货物的运输。

▲ 美国联邦航空管理局运输中心

✈ 各国重视发展航运事业

由于航空运输对发展国民经济和促进国际交往具有的重要意义，多数国家都很重视发展航空运输事业。一方面，政府设立专门机构进行管理，如中国设立民用航空总局，美国设立联邦航空局，俄罗斯设立民用航空部，等等；另一方面，国家实行多种优惠政策支持航空运输企业的发展，如政府直接投资、贷款、减免捐税、给予财政补贴等。

✈ 航运违禁品

不是所有物品都可以进行航空运输，我国规定有些物品属于违禁品。例如，各种武器、仿真武器、弹药和爆炸物品；伪造的货币及伪造有价证券；对中国政治、经济、文化和道德有害的印刷品、胶卷、照片、唱片、影片、录音带、录像带、激光视盘、计算机存储介质及其他物品；各种烈性毒药；精神药物；有碍人畜健康的，来自疫区的以及其他能传播疾病的食品、药品或其他物品等，均属于违禁品。

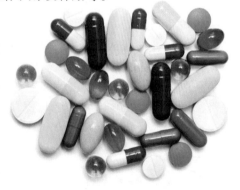

▲ 一些精神药物坐飞机时禁止携带

经典问答

国内货物航空运输流程是怎样的？

首先，托运人托运货物应填写国内货物托运书并凭本人居民身份证或其他有效身份证件，向货运部门或其代理人办理托运手续。如果货运部门或其代理人要求托运人出具单位介绍信或其他有效证明时，托运人也应予以提供。其次，托运人托运鲜活易腐物品、活体动物、紧急物品及有时间限制要求的货物时，应事先向货运部门订妥航班、日期、吨位，并按约定时间和地点办理托运手续。第三，托运人托运政府限制运输以及需经公安、检疫等有关政府部门办理手续的货物，应当随附有效证明文件。第四，托运人应对所填货物托运书中各项内容和提供的资料及文件的真实性和准确性负责。

航空客运

　　如今,随着航空业的迅速发展,选择乘坐飞机出行的人也越来越多。据统计,每年有超过 25 亿人次的乘客和大约 5 000 万吨的货物飞行于世界各地。可见,航空客运已经深入到了我们生活的主要领域,而它的提供者——客机,也就成了我们不可或缺的出行工具。

✈ 客机的兴起

　　早在第一次世界大战之前,有关民用航空的飞行试验就已经开始了。由于 1914 年一战的爆发,民用航空飞行被迫停止。战争结束后,军事需求的锐减迫使航空工业向民用方面寻找出路。但在民用航空发展的前十年,运输机大部分都是战时的轰炸机改装的,这些飞机的速度、载客量、载货量和航程都十分有限,航空客运只能靠补贴生存。

▲ "彗星"号

✈ 初期代表

　　1949 年 7 月 27 日,客机"彗星"号进行了首次试飞,平均时速 721 千米/小时。这是世界上第一种喷气式飞机,是英国德·哈维兰公司研制的。但是"彗星"号客机命运不佳,由于设计者没有认识到飞机的颤振问题,这种客机多次空中解体,机毁人亡。波音公司便采取相关措施,研制出性能更为优异的波音 707 喷气式客机,使该公司一跃成为民航飞机领域的霸主,并确立了喷气式客机的历史地位。

探索之旅

ARJ21-700 型支线客机的研发

　　ARJ21-700 型支线客机是我国自主设计、自主研发,以全新机制、全新管理模式、全面应用数字化设计制造技术研制的具有自主知识产权的支线喷气式飞机。在机体制造过程中,设计师们攻克了许多技术难关,填补了很多国内空白。ARJ21-700 飞机的自主知识产权主要体现在总体设计、系统集成上。例如,其机翼是在西安做的,机头是在沈阳做的,到上海对接到了一起。其设计图纸的每一笔每一画,都是中国设计师在电脑上设计完成的,是自主创新的产物。

　　ARJ21-700 飞机的成功研制,向世界宣告我国拥有了第一款可以进入航线运营的喷气式客机,并具备了喷气式民用运输类飞机的研制能力和适航审定能力。

　　2016 年 6 月 28 日,ARJ21-700 飞机搭载 70 名乘客从成都飞往上海。2017 年 4 月 22 日,ARJ21-700 迎来第 10 000 名乘客,该架飞机于当天 13 点 05 分从上海飞往成都,经停长沙,于 18 点 05 分降落在成都双流国际机场。

✈ 迅猛的发展

从 20 世纪 50 年代末开始，客机开始迅猛发展。从这一时期开始，大型干线喷气式客机经过了五代发展。每一代的发展主要与发动机性能、载重与航程、经济性等有关，差不多每十年就会更新一代。其中第三代喷气式客机波音 747 仍是目前世界上载客量最大、航程最远的客机，最大载客量可达 714 人。

▲ 波音 747 客机

✈ 支线航空的出现

与主干航线不同，支线航空距离短、适合中小城市之间的飞行。支线航空使用的飞机一般是座位数在 110 座以下的小型客机，飞行距离在 600~1 200 千米。支线航空是 1960 年才开始兴起的，但是发展速度很快。20 世纪 70 年代后期以来，支线运输有了很大发展，出现了多种专为支线运输研制的支线客机。

▲ ATR-72 支线客机

✈ 空中客车 A-320

空中客车 A-320 客机是欧洲空中客车工业公司研制的一种创新飞机，它的诞生为单过道中短程飞机建立了新的标准。A-320 系列飞机双发 150 座级客机是第一款采用全数字电传操纵飞行控制系统的民航客机，也是第一款采用放宽静稳定度设计的民航客机。此外，空中客车 A-320 客机优越的客舱尺寸和形状使它可以安装宽大的头顶行李舱，一方面更加方便，另一方面也可以加快上下乘客的速度。

▼ A-320 客机

航空货运

　　航空货运就是我们常说的空运，是现代物流中的重要组成部分，其提供的是安全、快捷、方便和优质的服务。航空货运是现代航空物流航空货运业务中的重要组成部分，也是国际贸易中贵重物品、鲜活货物和精密仪器运输所不可或缺的方式。这种快捷的货运方式给人们的生活带来了很大的便利。

▲ 定期航班飞机运输是航空运输方式的一种

✈ 四种方式

　　目前，航空运输方式主要有四种形式：班机运输、包机运输、集中托运和航空快递业务。班机运输指具有固定开航时间、航线和停靠航站的飞机。通常为客货混合型飞机，货舱容量较小，运价较贵，但由于航期固定，有利于客户安排鲜活商品或急需商品的运送。

✈ 包机运输

　　包机运输是指航空公司按照约定的条件和费率，将整架飞机租给一个或若干个包机人（包机人指发货人或航空货运代理公司），从一个或几个航空站装运货物至指定目的地。一般来说，包机运输适合于大宗货物运输，费率低于班机，但运送时间比班机要长一些。

▼ 飞机也被用来运输指定货物或指定车辆

✈ 特殊物品的运输

有一些物品属于特殊物品，必须出具相关证明或者采用特殊包装。这些物品包括活体动植物（或动植物制品），需要动植物检疫站颁发的动植物检验检疫证书；麻醉药品，需要卫生部药政管理局发的麻醉品运输凭证；音像制品，需要省社会文化管理委员会办公室发的音像制品运输传递证明；罐装液体、粉状物品，需要出产厂家的物品性质证明；海鲜，不同地方需要不同的海鲜包装箱；玻璃必须订封闭木箱，打三角架。

▲ 航空货运对一些特殊物品有严格的要求

▲ 海关检查

✈ 航空运输险

和汽车、火车运输一样，托运国内货物，托运人也可以委托承运人或其代理人办理货物国内航空运输保险。托运国际货物托运人可自行到保险公司投保，承运人及其代理人暂不受理国际航空运输险。如果投保货物在运输中发生损坏或丢失，保险公司将按保险条例给予赔偿。

✈ 尺寸和重量的限制

根据航班机型及始发站、中转站和目的站机场的设备条件、装卸能力来确定可收运货的最大重量和尺寸。非宽体飞机，单件货物质量一般不超过 80 千克，尺寸以不超过航线机型的货舱门为宜。货物的最小尺寸除可直接随附货运单的文件、信函类货物外，其他货物的长、宽、高之不得小于 40 厘米。如果低于这个标准者，就要加大包装。货物质量按毛重计算，质量不足 1 千克，按 1 千克计算，超过 1 千克，尾数四舍五入。

▲ 从飞机上卸载货物

新知词典

航空货运单

航空货运单是由托运人（或者以托运人的名义）填制的，是托运人和承运人之间在承运人的航线上运输货物所订立运输契约的凭证。航空货运单不可转让，属于航空货运单所属的空运企业。

航空货运单是托运人或其代理人所使用的最重要的货运文件。它有哪些作用呢？首先，货运单是承运人与托运人之间缔结运输契约的凭证；其次，货运单是承运人收运货物的证明文件；另外，货运单是运费结算凭证及运费收据；还有，货运单是承运人在货物运输组织的全过程中运输货物的依据，是国际进出口货物办理清关的证明文件，也是保险证明。

航空邮递

　　自 20 世纪中期起，空运邮件成为邮政运输中最重要的手段之一。近年来，随着航空业的迅速发展，空运市场竞争日趋激烈，航空邮递的业务也发展得越来越快。随着各种产品向薄、轻、短、小和高的方向发展，人们普遍把目光投向了航空邮递，相信它将会有更大的发展前景。

✈ 刚刚起步的航空邮递

　　20 世纪 20 年代，在国际电话网建立起来之前，英、法、俄等国家就开始试验航空邮递了。其中法国比较重视运送邮件，其国营的航空公司最初就叫做"邮政航空"。法国邮务飞行员率先坐在敞篷的驾驶座上在夜间飞行，还飞越了比里牛斯山脉、撒哈拉沙漠和安第斯山脉。

▲ 早期的航空信件

✈ 发展迅速

　　航空邮递刚开始起步的时候，邮件直接塞在机舱里面。那时，美国"西部快航"在洛杉矶开办时，乘客膝上经常要摆放邮包。1919 年，俄亥俄州拳击大赛的照片就是通过空运传递到美国东海岸的。此后，还有不少国家试验过飞机邮递，但都是零星的、短距离的。到 20 世纪 30 年代后期，有的国家政府补贴远程空邮，信件和邮包滚滚而来，航空邮递于是迅速地发展起来。

新知词典

航空邮票

　　航空邮票适用于空运邮件，因此也称"空运邮票"，是专为邮寄航空信件而发行的邮票。世界上大部分国家都会发行自己的航空邮票。世界上最早发行航空邮票的国家是意大利。1917 年，为都灵-罗马航线试航，在一种普通邮票上加盖了意文"航空"字样而成为航空邮票。

▲ 航空邮票

　　世界各国发行的航空邮票大多数是采用飞机作图案，也有的以飞雁、火箭、宇航、飞艇、自由女神头像等为图案，有些邮票上印有"航空邮票"字样。世界上有的国家发行的航空邮票数量很多，如哥伦比亚约半数的邮票是航空邮票。

　　我国的第一套航空邮票是 1921 年 7 月 1 日发行的，共五枚，图案是老式的双翼飞机掠过长城。新中国成立后，又先后于 1951 年 5 月和 1957 年 9 月发行了两套航空邮票。

✈ 突出的作用

航空邮递具有很广泛的作用，具体有以下几点：第一、使商业活动得到更加有效的改善；第二、促进了各领域的交流；第三、拉动了世界各国国民经济的快速发展；第四、奠定了世界各国发展物流的基础；第五、成为衡量国家开放程度的标准，经济发达的国家，包括一些发展中国家，快递业务都具有很高的对外开放程度；第六、实惠普及百姓。

▲ 对我国政治经济文化有害的胶卷不能邮寄

✈ 优点和弱点

航空邮递业务分为国内航空业务和国际航空业务。航空邮递的速度很快，特别适合那些邮递体积小、价值高的物资、邮件等货物。而且航空邮递也不会受到地域的限制，能将物资送到指定的任意地点。不过，航空邮递也有自己的弱点，那就是成本普遍比较高，邮资一般是按照货物质量和大小来计算的。

✈ 可以"邮寄"儿童

航空"邮寄"儿童是近年来航空公司开发的一项新型服务。每到寒暑假，有许多家长无暇亲自陪送子女去外地，航空公司则可以为他们提供无人陪伴儿童乘机服务。一般来说，儿童的年龄必须在5~12周岁之间。有这方面服务需要的家长，可以提前到航空公司购票并提出申请，办理相关手续。不同的航空公司办理手续的时间要求不同。儿童必须由其父母或监护人陪伴送到上机地点，并在儿童的下机地点安排人员迎接。

▶ 飞机也可以"邮寄"儿童

空中救援

　　空中救援,又称空中120,以执行大型突发事件中的救援任务为主,目的是排除交通、地形等影响,缩短抢救转运时间。空中救援能快速到达水路和陆路不可抵达的作业现场,实施搜索救援、物资运送、空中指挥等工作。此外,空中救援方便快捷,因此是现代急救中十分重要的方式。在许多突发事件中,都可以看到空中救援的身影。随着科技的发展,它的作用也会越来越重要。

✈ 瑞士空中救援

　　瑞士空中救援成立于 1952 年,由内科医生鲁道夫·布赫尔创建。该组织参与任何威胁到生命安全的紧急场合,也参与其他国家的紧急医疗救助。目前,该组织共有 13 架直升机和 3 架喷气式飞机,瑞士国内可在 15 分钟内到达,其救援基地遍布瑞士各地。值得一提的是,该组织是一个非盈利性的组织,其经费全部来自于捐赠和赞助。

▲ 瑞士空中救援的 EC-145

✈ 空中救援的优势

　　由于空中救援及时、受阻碍小,在许多突发事件中,比如大地震、海啸、雪崩、火灾等自然灾害或意外事件的现场,一般都会进行空中救援。在发生自然灾难后,一些地方往往会变得水陆不通,而空中救援队因为不用考虑这些客观原因,会在第一时间里救出被困人员,或者把淡水、食物和药品等急缺物资送到被困人员手中。

✈ 在德国的飞行医生急救

　　飞行医生急救于 1970 年诞生于德国。在德国,一共配备了 73 架急救直升机,在国境内任何地方发现伤患,直升机都能在 15 分钟内到达。据说,引入飞行急救后,德国的交通事故锐减了 1/3。

✈ 完善的救援体系

经历了半个世纪的发展，一些发达国家已经建立起了各具特色的国家或地区空中救援体系与机构，并且形成了完善的救援体系。空中救援队一般都配备最先进的警用直升机、红外热成像仪等设备，全天候处置突发性暴力犯罪、恐怖活动、追缉重大逃犯，从事空中警戒、抢险救灾和公务飞行等。

✈ 德国的空中救援

德国空中救援成立于 20 世纪 70 年代。2008 年，德国空中救援的救援航班数量为 4 万多次，比上一年增加 3.8%，成为欧洲目前最大的平民空中救援联盟。德国空中救援约 25% 的资金来自捐献，其航空医疗救护标准已成为世界航空医疗救护的标准。

✈ 日本空中救援

在日本的 50 个都道府县中有 17 个都配备了急救直升机，共计 21 架。急救直升机只在白天运行，急救中心一旦收到消防部门发出的出动请求，在确认可以起飞后，3 分钟内立即出动。直升机上搭载的专业急救医生和护士前往事发地后，可以迅速地展开早期治疗，使伤患的生存率得到极大的提高。

▲ 日本自卫队的 CH-47 救难机

经典问答

我国空中救援的时间是怎么规定的？

按照我国的空管局规定，救援、抢险救灾等紧急飞行即临时飞行计划，需提前两小时向航管部门申请，是否能再缩短，仍需要相关部门协调。从技术角度来说，从接到报警到飞机离地，大概需要 20 分钟，把发动机启动后，只需 3~5 分钟，飞机即可起飞。也就是说从接警到起飞只需要 25 分钟。

我国首个专业空中救援队于 2008 年组建，这支空中救援队由特警和医护人员组成，配备有救援直升机和相应机组人员，并装备有标准化救援设备、药品和物资，以应对各种突发事件。

著名的救援直升机

世界上有许多著名的救援直升机，它们在挽救遇险者生命的过程中留下了不可磨灭的功绩。知名的救援直升机，比如欧洲早期的"小松鼠"救援直升机和今天的EC-225救援直升机、美国的S-76"精神"救援直升机和"黑鹰"直升机、俄罗斯的米-171救援直升机等。

▲ "小松鼠"救援直升机

✈ "小松鼠"救援直升机

欧洲直升机公司生产的标准型AS350B3直升机，是单发涡轴轻型直升机中最好的，有"小松鼠"之称。该直升机曾在珠穆朗玛峰上进行过起降，速度在260千米/时左右。"小松鼠"共有6座，可搭载两名驾驶员、两名医护人员和一个可平躺于担架的伤员。最大起飞质量2 250千克，最大速度287千米/时，最大航程665千米。其适用范围很广，可以用于海拔3 000米之上的救援。

✈ S-76"精神"直升机

S-76是美国西科斯基公司研制的全天候民用运输直升机，于1983年停产。改型后的S-76通用型主要用于搜索、救援、后勤支援和伤员后撤。在执行医疗伤员后撤时，座舱内可放置3副担架和供2名医护人员用的长椅，最大巡航速度达到269千米/时。2013年，我国进口了8架美制S-76D直升机，用于海上搜救。

▲ S-76直升机

✈ "黑鹰"直升机

"黑鹰"直升机是一种可执行多种任务的通用、战术、运输直升机，也是空中突击、航空救援部队使用的一种主要直升机。改进型"黑鹰"直升机还可执行指挥与控制、电子战以及特种作战任务。"黑鹰"直升机的关键部件和系统有装甲，而且其机体设计成在碰撞时逐步压碎，以保护机组人员和乘客。

▼ "黑鹰"直升机

▲ 贝尔-412

✈ 贝尔-412 直升机

贝尔-412 直升机是一类专门用于救援的直升机，由美国贝尔直升机公司研制，能容纳 1 名驾驶员和 14 名乘客。全球有 300 多架贝尔-412 直升机在 28 个国家的军方和准军事单位执行任务。英国国防直升机飞行学校拥有 12 架；加拿大部队拥有 100 架；还有一些在全球的商业和公共事业单位执行任务。

▲ EC-225

✈ EC-225 直升机

欧洲直升机公司的 EC-225 直升机是 11 吨 "美洲狮" 直升机家族中的新开发型号。第一架原型机于 2000 年 11 月 27 日进行了首飞。作为海上运输工具，该直升机最多可以搭乘 24 名旅客和 2 名机组成员和 1 名乘务员，可用于近海支援、搜救抢险以及公共服务任务。阿尔及利亚是第一个使用 EC-225 直升机的国家。

✈ 米-171 直升机

米-171 直升机是俄罗斯米里设计局设计、俄罗斯乌兰航空生产联合公司生产的新型直升机。米-171 直升机可在交通极为不便的地区及高原地区使用，主要用来执行货运、客运和救援任务。该机可在极坏的气候条件下、地面能见度低或高纬度地区安全飞行和着陆。自 20 世纪 90 年代开始，米-171 系列直升机便大量出口到中东、东南亚、中亚、非洲、欧洲和南美等地区。

▲ 米-171

经典问答

中国什么时候采购的 EC-225 直升机？

EC-225 直升机是欧洲直升飞机公司开发的民用超级 "美洲狮" 家族中的新一代远程客运直升机。该机可载运 24 名乘客，长 19.5 米，噪声低，飞行平稳，具备全天候飞行能力，装有雷达，可识别水面船只，具备防冰和除冰系统、水上迫降浮筒、机载救生筏等。另外，该机还装有应急定位发射装置可与卫星直接建立连接，同时还配备目前世界上最先进的自动驾驶和仪表显示设备，以及最新的空气动力设计。

2008 年 12 月，首批 2 架 EC-225LP 直升机交付给中国交通运输部救助打捞局（CRS）。2009 年 8 月，欧洲直升机公司又正式与中国交通运输部救助打捞局达成协议，再次引进 2 架 EC-225LP 直升机。这 2 架 EC-225LP 直升机已于 2011 年交付，由中国交通运输部救助打捞局运营，主要执行搜救任务。

空中医院

"空中医院"就是可以在空中进行医疗救治的专用飞机,这类飞机上配备有专门的医疗设备和医护人员。目前,空中医院已经成为一种很实用的灾区救援方式,越来越受到人们的欢迎,很多国家都在组建自己的空中医院。欧美发达国家,都建立了各具特色的国家航空医疗应急救援体系。

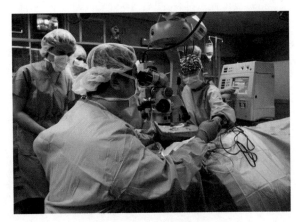

▲ 医疗救治飞机上可以进行简单的手术

✈ 紧急施救提高生还概率

在灾难发生后,空中医院可以对灾区实施紧急救援。通常,当救援中心接到紧急医疗救援的电话后,空中医院就会立刻出动,在途中对需要急救的病人实施抢救或简单治疗,然后把病人安排到最近的医院接受具体和系统治疗。空中医院不但能缩短搜寻、抢救、疏散和提供医疗救助的时间,而且能直接在空中进行医疗救援,从而显著提高大型灾难中旅客生还的概率。

✈ 国际 SOS 空中医院

国际 SOS 救援中心是全球最大的医疗救援及健康管理公司,以执行国际标准的空中紧急救援与医疗转运工作为主。它拥有 10 架配有全套重症监护设备的"空中医院",提供 24 小时全年无休服务,其中一架部署在北京首都国际机场。空中医院拥有高压氧舱、心血管和呼吸等支持系统,还配备有专业的医疗救护小组,小组医生和护士经过专门的紧急医疗护理、航空医疗、飞机和系统设施安全起降以及飞行护理方面的培训。

经典问答

你听过中国首支专业的航空医疗救援机组吗?

2014 年 10 月 7 日,中国首支专业航空医疗救援机组成立,首批 50 人参加,分别由 999 急救中心 ICU(重症监护设备)、护理部、医务科、应急办以及空中救援办公室的相关医护人员以及管理人员组成。

该机组成员经过国内外专业航空医疗机构的培训,逐步形成有规模、素质强的专业化的航空医疗救援团队,在航空救援的实践中逐步形成具有中国特色、首都特征、红十字特点的专业航空医疗救援机组。未来,中国航空医疗救援机组会在城市日常医疗救护、人道主义救援、自然灾害、突发事件、公共卫生事件、社会安全事件、国际要事赛事活动、反恐防暴维稳等方面发挥重要作用。

▲ DC-10 型客机改装而成的"眼科医院"

✈ "长着翅膀的眼科医院"

国际奥比斯眼科飞行医院是世界第一所建在飞机上的眼科医院，成立于1982年。它本身为一架 DC-10 型号的喷气式飞机，经过改装后，成为一所"长着翅膀"的医院。其内部设有驾驶室、教学室、视听教育中心、激光治疗室、手术室、无菌消毒室、康复室与传讯中心等，是全球独一无二的空中眼科医院。值得一提的是，奥比斯自成立至今，已在飞机上为 70 多个国家和地区的 2 万名眼疾患者进行过手术治疗，使他们重见光明。

✈ C-17 被用作"空中医院"

C-17"环球霸王"是有史以来规模最大的英国皇家空军运输机，可载 102 名步兵、36 副担架、54 名伤员和医护人员。飞机上的医疗电子技术员随时待命，保障生命支持设备的工作顺利进行，机上有 3 个氧气瓶，每个氧气瓶可以提供一个病人长达 6 小时呼吸所需的氧气，并配备了最先进的电脑控制的呼吸和心跳监测仪器。这架 C-17"空中医院"可算是世界上海拔最高的特别护理病房了，其续航时间可以达到14 个小时。事实上，在美国与阿富汗的战争中，C-17 就充分行使了自己作为"空中医院"的义务，成功地救治了不少伤员。

▲ 空中医院机舱内

▼ C-17"环球霸王"

空中灭火

随着科技的发展,空中灭火已经逐渐成为扑救森林火灾的有效方法之一。最大程度发挥空中优势,开展航空护林空中灭火,是护林防火工作现代化的标志。专业灭火飞机可以立刻抵达陆地上不易到达的着火点,迅速地展开灭火,并能减少人员伤亡。因此当对付山火时,灭火飞机是最佳的选择,消防员可以按照指令,扑灭正在燃烧的熊熊大火,将损失减少到最低。

✈ 机降灭火

机降灭火是空中灭火的一种方式。机降灭火是利用直升机将专业的消防队员和地面扑火人员运到火场进行空中布点,包围火场,并在扑火过程中不间断地调整兵力,快速扑灭森林火灾的方法。机降灭火可以减少扑火队员体力消耗,增强战斗力,直升机可以用最快的速度,在最短的时间内将扑火队员送到火场救援,从而快速灭火。一般来说,机降点在距离火场800米以内,才能达到机降灭火的目的。

▲ 直升机灭火

✈ 吊桶灭火

吊桶灭火就是利用直升机外挂吊桶载水直接喷洒在火头、火线上,进而扑灭森林火灾的一种空中直接灭火方式。这种灭火方式要在水源比较丰富的地区开展,可以节约大量的人力、物力和财力。通过吊桶洒水,小面积火场可以直接被扑灭,大面积火场可以降低火的强度,同时减轻地面扑火人员与林火直接对抗的强度,避免发生人员伤亡事故。

▼ 直升机外挂吊桶灭火是灭火的有效方法之一

探索之旅

可以用于火灾救援的 AC-313 直升机

2010 年 3 月,我国自主研制生产的第一架大型民用直升机 AC-313 在江西景德镇首飞成功,随后成功挑战"世界屋脊"青藏高原,实现 8 000 米的最高升限纪录,创造了我国直升机产业发展的多个第一。

该机整机性能达到国际第三代直升机水平,其安全性高,运载能力强,航程远,操控性优良。最大起飞质量为 13.8 吨,可搭载 27 名乘客或运送 15 名伤员,最大航程为 900 千米,适合在高原、海洋气候条件和其他各种复杂恶劣环境下飞行,可实现野外一般场地起降,也可以用于灾区、边远地区、交通不便的地方实施紧急医疗救护、伤病员转移,而且,AC-313 型机有足够的空间可以方便地改装为空中手术台,实施空中手术。

▲ 直升机索降灭火

✈ 索降灭火

当火灾发生在地形复杂、山高林密、飞机难以着陆的地方时,就需要采取直升机索降将扑火队员降到地面。索降一方面可以直接扑灭初发火。另一方面可以开辟直升机着陆场,为机降灭火创造条件。进行索降灭火时,直升机要选择在离火场不远处的山脊、山坡或林内空地索降。

✈ 水动力飞机灭火枪

1992 年,一种飞机灭火用以水作动力来源和滑润剂的新型灭火枪,由英国一家公司研发而成。这种灭火枪能在 7 秒钟内穿越飞机一侧,然后转为用高压水喷洒。它能生成一道由细小的雾组成的一道"水幕",可以把有毒气体包裹起来,使其落于地面,从而防止火焰以跳火的形式蔓延。

✈ 飞机撒水灭火

加拿大研制的空中大型灭火飞机是当今世界上唯一的专用森林灭火水陆两用飞机。目前,世界上约有 70 余架,在地中海地区及南、北美洲广泛使用。飞机上的主要机构有灭火水箱,吸水和操纵部分,其最主要的优点是在飞行中自吸加水,灭火速度快,威力较大。

▲ 飞机洒水灭火

航空环境监测

环境对人类的影响至关重要,但是由于不合理的工业开发,环境遭到了破坏。利用航空技术,可以探测环境的改变,针对环境恶化提供准确的数据,为了解和保护环境奠定基础。空中监测不仅范围广、速度快、成本低,而且便于进行长期的动态监测。

▲ 利用航空技术可以探测大气污染具体指数

✈ 主要任务

航空环境监测是利用装有空气取样器和辐射探测仪器等设备的飞机和直升机进行的。它的主要任务是对水质、空气、土壤、固体废物、生物、噪声、电磁辐射、放射性等的检测,预报和鉴别水质、空气状况、环境污染、植物生长、动物生存等状态以及自然灾难等。

✈ 监测大气污染

采用航空遥感技术监测大气污染,可以在较短时间内获知大范围的大气污染状况。大气污染监测主要就是测定大气中污染物的种类及其浓度,观察其时空分布和变化规律。它所监测的分子状污染物主要有硫氧化物、氮氧化物、一氧化碳、臭氧、卤代烃和碳氢化合物等,而颗粒状污染物主要有降尘、总悬浮微粒、飘尘及酸沉降物。

✈ 用无人飞机监测

在无人飞机上装配有臭氧传感器、粒子探测仪以及温度湿度传感器等小型设备,可以测量烟尘质量、附着在云雾微滴上的颗粒大小等空气污染的程度。同时,这些设备还能够记录包括温度、湿度、穿过云雾及烟雾的阳光密度等方面的变化。

▶ 无人飞机也可以进行空中监测

经典问答
什么是航空遥感技术？

航空遥感泛指从飞机、气球、飞艇等空中平台对地面感测的遥感技术系统。按飞行高度，分为低空（600~3 000米）、中空（3 000~10 000米）、高空（10 000米以上）三级，此外还有超高空（U-2侦察机）和超低空的航空遥感。

航空遥感和航天遥感是有区别的，主要表现在以下几个方面：首先，使用的遥感平台不同，航天遥感使用的是空间飞行器，航空遥感使用的是空中飞行器，这是最主要的区别；其次，遥感的高度不同，航天遥感使用的极地轨道卫星的高度一般约1 000千米，静止气象卫星轨道的高度约3 600千米，而航空遥感使用的飞行器的飞行高度只有几百米、几千米、几十千米。俗话说，登高才能望远。与航空遥感相比，航天遥感能够以空前广阔的视野时刻监测着地球，感测的地域显然要大得多，而航空遥感的检测范围相对要小很多。

✈ 大气环境监测

大气环境监测车拥有机动灵活的监测手段，它不受环境和地域的限制，能在野外任何环境下连续监测大气中的主要污染物并同时采集环境气象数据，并与监测中心实时地保持无线数据通信联系。

▲ 利用航空遥感技术可以检测赤潮灾害

✈ 海洋环境监测

海洋资源的开发利用，需要对海洋环境信息有准确的监测，通过监测获取海洋资源、环境和灾害的信息。航空遥感是目前世界上发达国家进行海洋监视监测的重要手段。它速度快、机动灵活、覆盖面大、视距范围大、成本低、光谱和空间分辨率高，可以对近岸海底地形、海冰灾害、赤潮灾害、海岸侵蚀和海上溢油等进行监视监测，有着其他手段无法代替的优点。

✈ 污染地区的监测

利用航空器监测能发现有时用常规方法难以揭示的污染源及其扩散的状态，它不仅可以快速、实时、动态、省时省力地监测大范围的环境变化和环境污染，也可以实时、快速跟踪和监测突发性环境污染事件的发生、发展，以便及时制定处理措施，减少污染。

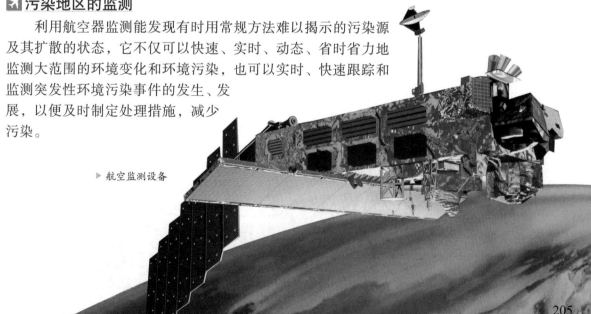

▷ 航空监测设备

航空气象研究

　　天气变化会对飞机飞行产生影响,为了保证飞行的安全、顺利地完成飞行任务,早在20世纪初,航空活动兴起之后,人们就开始利用航空技术研究气象。1903年12月17日,美国莱特兄弟在做人类首次飞行时,就曾对航空气象进行过观测。他们的研究很简单,主要就是用叶轮式风速表观测了地面风速,然后再进行试飞。

✈ 一门学科

　　航空与气象的关系非常密切,不仅许多航空事故与气象有关,而且气象还直接影响飞行。如今,航空气象已经成为一门学科,它针对航空中所提出的关于气象方面的要求进行研究,其主要任务是研究气象要素和天气现象对航空技术装备和飞行活动的影响,组织以预报为主的有效的气象保障,保证飞机安全和顺利完成飞行任务。

▲ 利用航空技术可以对气象进行监测,从而推测出天气的变化情况。上图是天气预报中常见的表示方法

✈ 早期的探索

　　早期的航空气象研究主要着眼于地面风和对流层下部的气流对飞行的影响。当时的航线天气预报只包括雷暴、总云量、地面风、高空风和能见度。20世纪20年代,美国首次编制了"标准大气",不久又出现了无线电探空仪,这对航空气象学的研究和发展影响很大。

✈ 不断发展

　　20世纪30年代以后,航空气象开始采用先进的技术,建立地面气象雷达站,并通过气象卫星开展全球数值天气预报业务。60年代以后,随着气象仪器的更加完善,激光技术、气象卫星和电子计算机的使用,航空气象学的发展进入了一个新阶段。

▼ 气象飞机

✈ 现代航空气象研究

随着飞行高度的增加，云、雾、雷暴、积冰、大气端流、大气能见度以及它们的预报方法，都成为航空气象学研究的内容。现代的航空气象研究主要包括航空气象学原理、航空气象探测、航空天气预报、航空气候和航空气象服务自动化等。

▶ 现代航空气象研究已经成为一门学科，在天气预报中起着举足轻重的作用

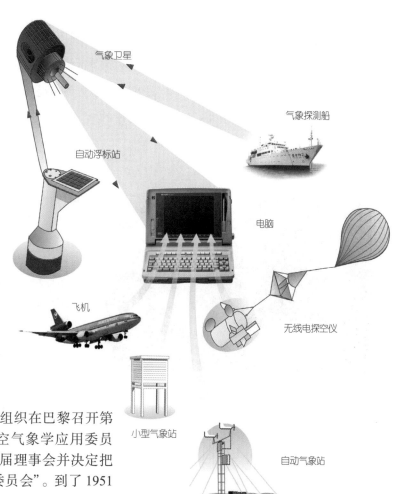

气象卫星

气象探测船

自动浮标站

电脑

无线电探空仪

飞机

小型气象站

自动气象站

✈ 我国的航空气象研究

1949年新中国成立之后，我国开始建立比较完善的航空气象组织，逐渐组成了装备有气象雷达、卫星云图接收装置、激光测云仪和移频通信、气象传真机等先进设备的航空气象台站网，在航空天气预报和航空气象服务方面开始有了较大的发展。

✈ 航空气象学委员会

1919 年 9 月，国际气象组织在巴黎召开第四届理事会，决定建立"航空气象学应用委员会"。随后又在华沙召开第七届理事会并决定把它改名为"国际航空气象学委员会"。到了 1951 年 3 月，世界气象组织（1947 年，"国际气象组织"更名为"世界气象组织"）又将"国际航空气象学委员会"改名为"航空气象学委员会"。

新知词典

航空气象技术装备

航空气象研究的技术装备主要包括航空气象探测设备、气象情报传递和终端设备、各类计算机以及一些特殊装备。气象卫星和气象雷达是现代重要的航空气象设备。气象卫星能提供可见光云图、红外云图、空中风场等，通过对卫星资料的分析，可获得准确的预报数据，从而减少意外事故；气象雷达包括测风、测云、测雨等多种类型。其中测雨雷达是掌握对飞行安全威胁严重的强对流天气的有效工具。这些装备使得航空天气预报正向客观化、定量化和短时化方向发展。

空中测绘

空中测绘是一种遥距感应的测量方法。也就是说,测量者本身并没有亲身接触到所测量的事物,只是利用探测工具从空中量度或感应地面上被测量物的特质和位置。随着遥感成像技术和计算机技术的高速发展,现在飞机上不仅装上了照相机和GPS导航设备,还装上了专用雷达以及其他的专业测量传感器等设备。一般常用的空中测绘工具有摄影相机、测光扫描仪、热感探测器以及雷达系统等。

▲ 飞机上的测绘设备

✈ 测绘的任务和范围

空中测绘的主要目的是得到立体空间中各种物体的形状、位置和特性。应用范围包括学术研究、地理资讯系统、各种工程的设计与规划、灾害分析及军事目的等。空中测绘需要复杂的工具和一些高科技的仪器。在地理信息的获取上,主要是在全数字摄影测量、卫星遥感影像测量和GPS测量数据中获取;在保障形式和保障手段上,已实现了全自动化、网络化;在保障区域上,已形成了全球保障体系。

✈ 最早的航空图

航空图是伴随着飞机的出现而产生的,始于欧洲的莫迪贝驾驶气球的飞行记录,他建议在地形图上表示航空资料。1903年,从莱特兄弟制造第一架飞机开始,在普通地图上加印航空资料的"代用航空图"便应运而生。经过多年飞行试验,人们认识到用地形图代替航空图已不能满足领航要求。1909年,德国航空协会集中了大批科技人员制作出世界上第一幅《1∶30万航空图》。

经典问答

我国航空测绘是怎么建立的?

新中国成立后,随着我人民空军的不断发展壮大,空军于1965年成立了专门的测绘机构。1966年5月6日,新中国第一幅《1∶100万航空图》问世。二十世纪七八十年代,随着我国机种机型的不断更新,分别研制出版了1∶50万、1∶100万、1∶200万等系列比例尺航空图。接着,又先后生产了《仪表近进图》《空中走廊图》《航路航线图》和《空中管制图》等多种比例尺专用航空图,逐步建立起了我国系列比例尺和专用比例尺航空图图种体系。二十世纪九十年代以来,数字地图逐步取代传统地图,系列比例尺航空图及大量专项的地图数据库地全面建立。

✈ 雷达干涉测量

20 世纪 60 年代，科学家发现利用同一地区相邻的雷达影像数据的相位差，经雷达干涉测量处理，就可以直接、快速地提取地形的高程数据。但直到 20 世纪 90 年代，由于不能精确测定平台的姿态与位置，所以这种测图技术并没有得到普及。后来，随着 GPS 导航定位技术的飞速发展，雷达干涉测量技术才逐步地发展成熟。

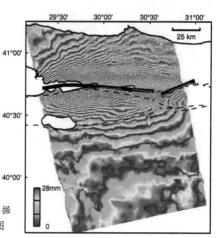

▶ 使用卫星数据生成的雷达干涉图

▲ 航空相片

✈ 航空摄影测量

航空摄影测量是在飞机上用航摄仪器对地面连续摄取图像，结合地面控制点测量、调绘和立体测绘等步骤，绘制出地形图的过程。为了使取得的航空照片能用在专门的仪器上，建立立体模型进行测量，在摄影时飞机应按照设计的航线往返平行飞行进行拍摄，以取得具有一定重叠度的航空相片。

✈ 航空测量在未来战场上的角色

人类从开始航空航天事业时就伴随着航空航天测绘的发展。特别是现代空战，空中现代测绘保障是空军各级指挥机构、作战部队、飞行演练、空中防御的空中战场信息平台，是信息化条件下空军作战保障的重要组成部分。依托空中测绘，可以把整个空中战场的信息真实可靠地展现出来，供指挥员分析战场形势、研究地理信息、进行战略部署，从而更好地把握整个战争的进程。

▲ 飞机将是未来战场上的主角

▼ 空中测绘对掌握空中战场的信息极为重要

人工降雨

人工降雨又称人工增雨，它是解决水资源不足的有效手段。其具体手段是根据不同云层的物理特性，选择合适时机，用飞机或火箭向云中播撒干冰、碘化银、盐粉等催化剂，促使云中更多的水分变成雨滴降落下来。一般为了解除或缓解农田干旱、增加水库灌溉水量或供水能力，或增加发电水量等情况下，才会实施人工降雨。

✈ 最早的干冰降雨

1946 年，美国通用电气公司的谢弗、朗缪尔从高空投下了一些干冰，干冰在下降过程中变成了雨，实现了人类的第一次人工降雨。后来，许多国家经过实践，也纷纷进行人工降雨的实验和应用。但是干冰有时会产生危险，在人工降雨的过程中，巨大的干冰块直接坠落下来，可能将屋顶砸出大洞，引起恐慌。美国科学家冯尼古特对此进行了改良，他用碘化银微粒取代干冰，使人工降雨更加简便易行。此后，碘化银催雨剂很快便获得了更为广泛的应用。

▲ 当云层离地面特别近时，人们可以利用大炮、火箭或气球向云层中抛撒化学药品来降雨

✈ 两种方法

目前，人工降雨主要采用两种方法：一种方法是用飞机把干冰等冷却剂撒播到云中，从而使云内的温度急剧下降，一些细小的水滴、冰晶就会迅速增多加大，迫使其下降形成降水；另一种方法则是利用火箭、炮弹等把化学药剂打向高空，轰击云层产生强大的冲击波，从而使云滴与云滴之间发生碰撞，彼此合并增大形成雨滴降落下来。

▼ 人工降雨

✈ 降雨催化剂

如今，人工降雨过程中通常使用的催化剂有三类。第一类是可以吸附云中水分变成较大水滴的盐粒等吸湿剂；第二类是温度很低的干冰，它汽化时可使周围空气层冷却到零下 40℃左右，从而引起水汽的凝结；第三类催化剂是被称为"成核剂"的碘化银，它具有形成云中自然冰核的特点。

▲ 降雨催化剂干冰

▲ 实施人工降雨可以尽快扑灭森林火灾

✈ 诸多优点

人工降雨能缓解干旱造成的危害，是森林火灾的天敌，能有效地扑森林大火，能使沙漠地带的植被得以滋润，从而缓解由于森林、植被的减少而造成的干旱和沙漠化进程。另外，因为降雨能使空气中的尘埃减少，提高大气透明度，增加空气湿度，冲刷掉空中各种污染造成的酸性物质，所以非常有益于各种作物的生长和人类的健康。

✈ 现代技术

由于自然降水过程和人工催化过程中的很多基本问题仍不很清楚，人工降水的理论和技术方法还处于探索和试验研究阶段。世界上先后约有 80 个国家和地区开展了这项试验，其中美国、澳大利亚、苏联和我国的试验规模较大。如今，人工降雨在我国一些经常发生干旱地区已成为抗旱的重要手段。

探索之旅

我国第一次人工降雨

1958 年夏天，我国第一次进行人工降雨试验。这次实验是吉林省气象部门在吉林省遭受 60 年未遇的大旱的情况下，在吉林市开展的国内第一次飞机人工增雨试验。由于准备充分，这次人工降雨获得了巨大成功，开创全国飞机人工增雨的先河，揭开了中国气象史上第一次飞机人工降雨的序幕。目前，吉林省已经拥有了一架人工增雨专用飞机。截至 2009 年，吉林省开展飞机人工增雨作业 1400余架次，平均增雨率达 20%。今天，由于水资源对国民经济的重要性，人工降雨作为开发水资源的一种潜在手段，受到广泛的重视和应用。

人工止雨

　　人工止雨就是用人工方法使降雨停止。其具体方法是在影响本地的降水云系的上风方，进行一定规模的连续催化工作，设法改变自然云的降水状态或过程，抑制云和降水的发展，延缓和减弱降水过程，从而在局部区域内改变降水的分布。这种方式可以通过调节降水来减少洪涝灾害，使一些降水提前降落，从而保证了预定的好天气。

▲ 人工干预工作人员合影

✈ 人工止雨的两种方式

　　人工止雨的原理类似人工降雨，但也有区别。人工止雨通常有两种方式：一种是在目标区的上风方 60~120 千米的距离，进行人工增雨作业，让雨提前下完；一种则是在目标区的上风方 30~60 千米的距离，往云层里超量播撒冰核，使冰核含量达到降水标准的 3~5 倍，这样冰核数量多了，每个冰核吸收的水分就变少，阻碍了足够大的雨滴的形成，因而拖延了下雨的时间。

✈ 人工止雨前的工作

　　人工止雨前，首先需要对天气状况及其变化趋势进行细致的观测和预测，从而确定该地区是否存在降雨的可能。如果可能降雨，就需要进一步了解此次降雨对此地区的影响程度，比如什么时候降雨，在什么地方，降雨量等问题。然后针对该地区制订出人工止雨的方案，一旦符合止雨条件，就可以着手进行启动飞机、地面火箭或高炮等设备进行工作了。

经典问答

你听过关于云的谚语吗?

　　千百年来，我国劳动人民在生产实践中根据云的形状、来向、移速、厚薄、颜色等的变化，总结了丰富的"看云识天气"的经验，并将这些经验编成谚语。

　　"朝霞不出门，晚霞行千里"：西方出现红霞，表明将有阴雨天气了；出现晚霞，预示着未来几天里将天气晴朗。

　　"日晕三更雨，月晕午时风"：日晕和月晕常常产生在卷层云上，卷层云后面的大片高层云和雨层云，是大风雨的征兆。说明出现卷层云，并且伴有晕，天气就会变坏。

　　"棉花云，雨快临"：棉花云指絮状高积云，出现这种云表明中层大气层很不稳定，如果空气中水汽充足并有上升运动，就会形成积雨云，将有雷雨降临。

　　另外，像"早上朵朵云，下午晒死人"、"南风暖，北风寒，东风潮湿西风干"、"蜘蛛结网天放晴"等这些也是人们耳熟能详的气候谚语。

人工止雨针对的云层

人工止雨主要是针对比较稳定的层状云。层状云又分为冷云和暖云，对于冷云，可通过飞机携带碘化银在云中进行催化作业；对于暖云，则需要使用吸湿性的暖云催化剂。针对容易产生雷电的对流云，则采用火箭进行人工止雨。通常情况下，当云层距离地面特别近时，人们就可以利用大炮、火箭或气球向云层中抛撒化学药品进行人工止雨。

人工止雨的结果

人工止雨的方法并不能控制天气，它只能影响天气，抑制云和降水的发展，延缓和减弱降水过程，在局部区域改变降水的再分布。人工止雨主要包含两个方面的目的：一个是人工抑制局地暴雨，通过调节降水分布以减少洪涝灾害的发生；另一个就是在特定的时段对较小范围通过人工调节局地降水分布，消云止雨。

▼ 早期关于人工止雨的绘画作品

航空安全巡逻

今天,航空技术已经应用到了人们生活的方方面面。警方可以使用直升机进行空中巡逻,既可以更快地跟踪犯罪目标,及时截获罪犯,又能够向地面报告罪犯的动向,从而有效地展开搜捕活动,给警方办案带来了方便,大大提高了维护城市安全和处置重大突发事件的效率。航空安全巡逻标志着城市公安工作从传统走向了现代化。

▲ 警用直升机和工作人员的合影

✈ 新的警务模式

航空警务正逐渐成为一种新的警务模式。警用直升机既能服务于警务工作,又能服务于城市管理,为人民的生产生活提供了保障和便利。一般的警务直升机上配备了四大关键设备:图传系统、搜索灯、扬声器、电动绞车等装备。警用直升机已成为加强社会治安管控、实施应急救援和开展城市综合管理的有效工具。目前,许多国家都在加快发展以警用直升机为主要载体的警用航空。

✈ 警用直升机

警用直升机被用于现代化的警务飞行工作,可担负如空中警务执法、反恐突击、处理突发事件、空中交通指挥、搜索与救援、抢险救灾、公务运输、紧急医疗救护、配合海关缉私缉毒等空勤任务。加装特殊机载设备的警用直升机,还可以空投消防器材灭火,靠导航系统指挥能够执行较远距离的飞行任务。一般来说,一架警用直升机的监视范围可达4.6万平方米,是警车的20倍,通过街道的速度是警车的7倍,作用相当于30辆警车和100名警察。

✈ 各国使用情况

1947年,美国第一架警务直升飞机投入使用。目前在国际上特别是发达国家,警务直升飞机已经很普遍。据统计,全球有4000多架警用直升机,其中美国约占一半,平均每百万人拥有7架直升机;法国和德国分别有50多架和60多架,日本拥有百架之多;而我国警用直升机的数量仅有60余架。

▲ 美国纳什维尔警察局的警用直升机

探索之旅

警用直升机的使用现状

　　警用航空作为一个新的警种目前在中国尚处于起步阶段。2003年,各地公安机关开始正式使用警用直升机。截至2017年,我国25个省市自治区共拥有66架警用直升机,部分省市没有警用直升机。如今,许多国家都在加快发展以警用直升机为主要载体的警用航空。2008年北京奥运会期间,世界上最先进的轻型双发直升机之一CA109警用直升机曾经在北京上空巡航,进行空中巡逻、事故救援以及"空中巴士走廊"试验飞行。后来,CA109被作为北京市公安局的警用直升机,用于执行空中任务。

✈ R44Ⅱ警用直升机

　　R44Ⅱ警用直升机是美国罗宾逊公司生产的警用直升机,其巡航速度达到了210千米/时,续航时间为3~4个小时,最大航程为650千米。该机可以乘坐4人,其主要任务是执行空中巡逻和抓捕逃犯等。据相关资料显示,一架R44Ⅱ警用直升机在跟踪机动车时的作用相当于地面上26辆警车的作用,在治安防范和巡逻上则相当于150名警员的警力。因此被公安、武警、边防巡逻、海关缉私、森林消防等准军事单位广泛应用。

▲ R44Ⅱ警用直升机

✈ EC-135直升机备受青睐

　　EC-135由欧洲直升机公司生产,是一种性能优异的轻型双发多用途直升机,在全世界被广泛采用,尤其是在警察执法使用中备受青睐。1996年,首架生产型直升机进入德国空中援救公司使用,至今超过300架在27个国家被采用。最近的订购包括捷克警察航空部门订购了8架,罗马尼亚内政部(警察和EMS)订购了5架,其他国家订购了10架用于空中执法。

▼ EC-135直升机

空中新闻报道

　　航空技术的日新月异改变了我们的生活。在繁忙的媒体界，飞机也有着特殊的应用。有些新闻事件的报道需要在空中才能完成。借用飞机进行新闻拍摄，不仅为大众提供了新的观测新闻事件的视野，使人们可以获得更加完整的新闻资讯，还可以一定程度地增加大众对新闻事件的了解程度。这种新颖的新闻报道方式开拓了航空的应用领域，也为新闻报道带来了巨大的变化。

✈ 颇受好评

　　在飞机兴起后，这种新的报道方式给媒体报道带来了新的途径，也给人们带来了一种全新的新闻冲击感受。因此，这种报道方式一经使用就颇受好评。比如，在二战中，盟国许多随军记者在飞机上进行拍摄和记录，这样不仅可以及时获取战地消息，也可以让大众在第一时间了解战况，并为后世留下极其珍贵的历史文献资料。

▲ 警用直升机经常也被用来做特殊新闻报道的专用机

✈ 专用飞机

　　因为新闻事件的发生具有偶然性，所以进行空中新闻报道时一般都会使用专用飞机。在进行空中新闻报道之前，需要和驾驶员及空中管制中心做好交流。对于一些突发的新闻事件，也可以借助其他专用飞机进行报道，比如警用直升机。

▲ 航空拍摄

✈ 航空拍摄

　　航空新闻报道是通过航空拍摄来提供的真实的新闻报道。航空拍摄有很多方式，比如载人飞机真人航拍、无人机航拍和飞艇航拍。无人机航空拍摄是以无人驾驶飞机作为空中平台，以机载遥感设备，如轻型光学相机、红外扫描仪，激光扫描仪、磁测仪等获取信息，用计算机对图像信息进行处理，并按照一定精度要求制作成图像。在全景拍摄方面，无人机技术已经很成熟了。

✈ 播报及时

有时候，政府官员在处置突发事件时，会在专机上举行新闻发布会，这个时候记者就只能在飞机上进行报道了。一般来说，飞机上不允许使用其他通信设备，因此在飞机上采访获得的资讯只能到地面后再发布。尽管如此，这种报道方式还是比地面报道更节省时间，也更及时。

▲ 飞机上也可以举行新闻发布会

✈ CA-109 双发直升机

CA-109 双发直升机是当今世界上速度最快和现代化程度最高的轻型双发直升机之一。该机的机身下方设有吊舱系统，可以实现可见光和红外拍摄以及一般的照相机拍摄，还能日夜监控，主要起调查取证的作用。此外，它的续航能力、拍摄能力和机动性能都非常好，而且它还具备海上航拍的功能，可以完成一些海上的大型赛事的转播。

✈ 播报科学新闻

航空新闻报道在特殊的科学新闻报道时，也会有特别的应用。在一次日全食中，一家媒体动用飞机，从高空中拍摄月球的影子。当月球的影子划过整个地区的图像播放时，所有的观众都认为这种奇特的视角具有更强的震撼力和表现力，给人以一种全新的视觉冲击力。

▼ 高空拍摄的日全食更具表现力

 探索之旅

播报北京奥运会

我国在举行 2008 年的奥运会时，就曾使用直升机携带高清晰度摄像机航拍开、闭幕式和比赛，为观众观看奥运会提供了独特的视角。为配合奥运会的转播，中央电视台还专门购置了一架意大利阿古斯塔公司的 CA-109 型双发直升机，为它配备了高清吊舱、高清航拍球和微波中继。由于该直升机的续航能力、拍摄能力和机动性能都非常好，而且它还具备海上航拍的功能，可以完成一些海上大型赛事的转播，从而完美地为全球观众呈现了一场精彩的奥运会。

水上飞机

　　飞机被发明出来以后，人们并不满足它只能在陆地上起飞、降落和停泊，于是水上飞机被发明了出来。水上飞机是指能在水面上起飞、降落和停泊的飞机，主要用于海上巡逻、反潜、救援和体育运动。水上飞机在陆地上很难起飞，而更适合于在水上滑行起飞。水上飞机的发明让飞机的活动范围和功能大大增强，是了不起的创新。

✈ 水上飞机的主要用途和特点

　　水上飞机在军事上用于侦察、反潜和救援活动；在民用方面可用于运输、森林消防等。它可在水域辽阔的江、河、湖、海等水面上使用，安全性好，地面辅助设施较经济，飞机吨位不受限制，但受船体形状限制，不适于高速飞行，且机身结构质量大，抗浪性要求高，维修不便，制造成本也比较高。

✈ 世界首架水上飞机

　　世界上第一架能够依靠自身的动力实现水上起飞和降落的水上飞机是由法国人亨利·法布尔发明制造的。1910年3月28日，这架滑翔机在塞纳河上由汽艇拖引着飞入空中，虽然只飞了不到500米，但是却向人类展示了水上飞机的巨大潜力。

　　◀ 水上飞机适合在水上滑行起飞

新知词典

中国第一架水上飞机

　　水上飞机与陆上飞机相比，其最突出的优点是不需占用大量田地去修建专用机场，节约了有限的土地资源。全球水上飞机的发展始于1904年，中国的水上飞机研制并不落后于世界，在1918年春天，当时的北洋政府海军部在马尾福建船政局内设立飞机工程处，开始水上飞机的制造。飞机工程处以留学英、美归国的学生为技术骨干，并在马尾船政局工人中挑选数十人加以训练，掌握制造飞机的技术。

　　一年之后，中国的水上飞机研制取得可喜的成就。1919年8月9日，中国试制成功第一架水上飞机——"甲型一号"。这是一架拖进式双桴双翼水上教练机，该机空机质量836千克，载重106千克，飞行高度3.6千米，最大飞行时速达126千米/时，可以持续飞行3小时，航程340千米。作为中国研制的第一架水上飞机，"甲型一号"飞机的性能和质量毫不逊色于当时世界上顶级飞机制造商波音等公司所造的飞机。

✈ 水上飞行原理

当水上飞机停泊在水上时，宽大的支撑架所获得的浮力，就会使飞机浮在水面上并且不会下沉。但在需要起飞时，螺旋桨发动机产生的拉力，就会拖着它以相当快的速度在水面上滑跑。伴随着速度的不断增加，机翼上获得的升力慢慢克服了飞机的重力，从而把飞机从水面上逐渐托起来，成为在空中飞行的"航船"。

▲ 正在滑行的水上飞行

✈ 发展历程

水上飞机和陆上飞机是同时发展起来的。20 世纪 30 年代水上飞机的发展十分迅速，远程和洲际飞行几乎为水上飞机所垄断，还开辟了横越大西洋和太平洋的定期客运航班。

✈ "水轰-5"水上反潜轰炸机

"水轰-5"是中国自行研发的水上反潜轰炸机，主要用于近海域的侦察、巡逻、反潜，也可用于对水面舰艇的监视和攻击，经过改装还可用于灭火。"水轰-5"为大展弦比高置上单翼，机翼上装有 4 台 WJ5 甲涡桨发动机，机上装有搜潜、反潜设备，机身后段背部有炮塔，可携带鱼雷、炸弹、空对舰导弹等武器。

▽ 水上飞机

世界著名的水上飞机

　　水上飞机可以适应水上、空中两种不同环境。它像船，有着斧刃形的庞大"船体"；它又是飞机，有着机身、机翼、尾翼、螺旋桨和起落架。正因为如此，它不但可以浮在水面上，还可以停留在陆地上，是真正的"全能选手"。世界上曾经出现过很多著名的水上飞机，比如Bv-222"维京"、H-4"大力神"号、JRM"火星"以及鲲龙-600等。

▲ Bv-222

✈ 德国 Bv-222"维京"

　　Bv-222 "维京" 是二战中最大的军用水上飞机，这种飞机的翼展有46米，高10.9米，机身长37米，长度是 B-29 的 1.5 倍，最大起飞质量 49 吨，在尺寸和质量上大大超过同期各国研制的水上飞机。这个海上巨无霸配备 11 名机组人员，最大航程 7 000千米，最大滞空时间达到了惊人的 33 小时，堪称德国航空工业在大型机方面的杰作。但是 Bv-222水上飞机仅生产了 13 架，对战局的影响很小。

✈ H-4"大力神"号水上飞机

　　美国的 H-4 "大力神" 号（又称 "云杉鹅"）是世界最大的水上飞机。该机机长 66.6米，机高 9.15 米，翼展 97.54 米，起飞质量 181.4 吨，原设计可以运载 500~700 人。1947 年11 月 2 日，H-4 首次试飞，由休斯公司创始人休斯亲自驾驶，但只飞行了 1 500 多米后，就降落在了洛杉矶港湾水面上。由于试飞成绩不佳，再加上大战后美国政府停止了定货，所以这天的试飞成为了 H-4 的第一次，也是最后一次飞行。现在，H-4 已经成为展品，供游客观光鉴赏。

▼ H-4"大力神"号

中国新一代特种航空产品代表作——鲲龙-600

鲲龙-600（AG-600）是中国大飞机三剑客之一，是中国自主研发的大型水陆两用飞机，也是中国新一代特种航空产品的代表作。该机不但是世界在研最大的水陆两用飞机，还是"水轰-5"水上反潜轰炸机时隔30年的继任者。作为一款单船身四发涡轮螺旋桨式综合救援飞机，它的最大起飞质量为60吨，主要用来执行大型灭火及水上救援任务。

2018年10月25日，鲲龙-600成功地完成水上首飞任务，从湖北荆门漳河机场顺利返回珠海。2019年3月7日，中国航空工业集团有限公司新闻发言人周国强在航空界两会代表委员媒体见面会上表示，为加快"鲲龙"AG-600飞机的研制进度，航空工业将陆续投产4架试飞飞机，以加快适航取证进度。

▲ JRM"火星"水上飞机

✈ JRM"火星"水上飞机

JRM"火星"水上飞机是美军历史上装备过的最大的水上飞机，也是目前世界上最大的水上飞机。该机是一种四发重型水上飞机，主要用于执行运输和反潜巡逻任务，由美国马丁公司于20世纪40年代研发，于1943年11月投入服役。这是盟军生产的最大型的水上飞机，共制造7架。"火星"全机长35.7米，翼展61米，机高15米，最大起飞质量74.8吨，最大航程7 964千米，最多可搭载133名士兵或15吨货物（包括7辆威利斯吉普）。

✈ A-40"信天翁"水路两用飞机

A-40"信天翁"水路两用飞机是俄罗斯别里耶夫设计局研制的世界上最大水陆两用飞机。该机于1983年开始设计，1985年开始原型机制造，1986年首次飞行，1987年开始批量生产。其不仅可以用于救援，而且还可以用来执行侦察和巡逻等其他任务。为保持飞机在水面滑行时的横向稳定性，翼尖装有小艇。A-40曾在1989年8月20日土希诺机场上空举行的航空节飞行表演中露面，原型机曾打破14项世界纪录。即使今天，巨大的"信天翁"在某些方面仍然非常先进。

▼ A-40"信天翁"水陆两用飞机

农用飞机

　　当森林或大片农田发生大范围虫灾的时候,常常会给个人和国家带来无可挽回的损失。这时,就可以使用农用飞机进行空中喷雾,来阻止农业灾害的发生和蔓延。这种飞机是经过改装或者专门针对农林业设计的,由于是在高空作业,能够大面积杀死害虫,因而在农业上主要用来喷洒药剂。此外,农用飞机还经常被用来喷洒种子、作物授粉、林业监测和巡查等。

✈ 喷洒农药效率高

　　以前在农村防治病虫害主要是使用手动背负式喷雾器来喷洒农药,平均每人一天只能喷洒1万~1.3万平方米。但是如果使用农用无人机的话,就会明显提升喷洒效率,每小时可以喷洒上万平方米,远远超过了人工除虫的效率。而且,与人工喷洒相比,农用无人机喷洒更均匀,几乎每株作物都能喷洒到药水。

▲ 农用无人机

✈ 喷洒更安全成本更低

　　世界上每年都会出现因人工喷洒农药不当而造成的人员伤亡。而农用无人机采用远距离遥控操作的方式,喷洒作业人员可以避免与农药的直接接触,有利于增强喷洒作业的安全性,避免了人员的伤亡。另外,由于农用无人机采用喷雾喷洒方式,至少可以节约50%的农药使用量以及90%的用水量,降低了资源成本。因此,农用无人机受到了人们的欢迎,世界发达国家都在竞相研制。

▼ 农用飞机为庄稼喷洒农药

探索之旅

运-11 运输机改装为农用机

运-11 是一种轻型双发多用途运输机,于 1974 年由中国哈尔滨飞机制造厂开始设计制造,1975 年首飞成功。由于运-11 性能好,对机场跑道条件要求低,使用维护简单,因此曾被改装成农用飞机,用于飞播小麦、水稻、农业施肥、除草、灭虫、绿化草原以及植草造林等。在国务院批准下,哈尔滨飞机制造厂组建了运-11 飞机农业航空服务队。

农用运-11 飞机机舱内两侧布置了四个双人简易折叠板椅,在折叠收起时,可以腾出更大的空间来装载农业飞播喷洒设备。飞机空机质量 2 090 千克,最大起飞质量 3 500 千克。在进行农药喷洒时,货舱内还可以安装一个粉剂和液剂共用的玻璃钢药箱,而在播撒种子时,则可以安装一个容积 1.4 立方米的尼龙种子料袋,并配套装有常量型和超低容量型两套喷洒设备。

▲ 农用飞机对大豆田施用杀虫剂

✈ 为作物授粉

除了喷洒农药,农用无人机还可以用于作物授粉,比如水稻、果树等。下面以为水稻授粉为例,一般来说,无人机在飞行时,机翼会产生比较大的风场,在一两米的高度贴着水稻稻穗飞过,这样风向就会把稻穗压得倒向一旁,水稻父本花粉就会迅速扬起,飘落到水稻母本的稻穗上,从而完成扬花授粉,每天授粉达 40 万平方米。无人机前行倒退自如,上下左右穿梭自由,授粉工作节约了人工成本,同时也提高了授粉效率。

✈ 工作时的飞行特点

在防治农作物病虫害时,农用飞机的飞行高度为 1~10 米,每小时飞行 100~180 千米,喷幅可达 20~30 米宽。飞机需要在工作区超低空往返飞行,要不断爬升、盘旋、下滑、拉平,有时还要飞越周围的障碍物,比如树林、高压电缆等。由于每次载药量有限,而且又多在外场执行任务,所以农用飞机需要在简易的跑道上频繁地起飞和着陆。

✈ 两种喷洒设备

农用飞机的喷撒设备有喷液式和喷粉式两种,主要由药桶、风扇搅拌器和喷撒装置等组成。通常,锥形药桶用塑料制成并置于飞机的重心处;喷液管道多安装在机翼的后缘或翼尖;而鱼尾状的喷粉装置则固定在机身的下方。为了减轻质量,农用飞机大多采用蒙布或薄金属蒙皮结构,使用较轻的玻璃纤维材料。

专用座机

　　国家首脑是国家、联盟、联邦中的最高代表,是国家的象征。他们经常代表国家到国外参加会议,因此往往会配备有专用飞机。一般来说,专用座机为了将国家首脑安全地送往目的地,技术比较精密,安全性高,能进行空中加油,电子对抗系统可以干扰地方雷达,迷惑导弹的瞄准系统,使其难以被锁定。与一般的座机相比,首脑专用座机往往具有省时、高效、安全、隐私性强、彰显尊贵等特点。

✈ 美国的"空军一号"

　　"空军一号"是美国总统的专机。它是由波音公司的 747 客机改装而成的,堪称是世界上最精密和最具安全性的航空器。该专机是名副其实的"空中白宫",奉行"总统在地上能干什么,在空中也能照干"的原则,也被称为"飞行的椭圆形办公室"。机上空间很大,有休息室、办公室、两个厨房、一个手术台、药物柜、通信系统、85 部电话和 19 部电视机等。此外,还特别为总统的家人、白宫员工和媒体记者预留了空间。

▼ 美国的"空军一号"

▲ 伊尔 IL-96300

✈ 俄罗斯的伊尔 IL-96300 专机

俄罗斯总统普京喜欢俄罗斯制造的伊尔 IL-96300 机种的专机，它虽然比美国的"空军一号"稍微逊色，但也颇具豪华气派，被俄罗斯人称为"飞行的宫殿"。其内部采用了大量黄金作为装饰，豪华程度不亚于星级酒店，仅造价就达到了 2 亿美元。专机出访时，机队一般由 5 架飞机组成。伊尔 IL-96300 可以连续飞行 9 500 千米，机内装备有最先进的通信指挥设备，普京在空中也可以和全世界的任何一个地方取得联系。

✈ 英国的 VC-10 专机

英国人比较热衷于墨守成规，一般的家庭会以拥有用过几代的旧家具、旧摆设等为荣。因此英国首相使用专机也秉承了这一点。他们通常使用的是英国皇家空军第 32 营的飞机，型号为"VC-10"。跟其他发达国家相比，英国首相的专机并不是很奢华，它只不过是一架

▲ VC-10

旧的军用飞机。不过，该飞机上的通信设施还是很先进的。此外，在 VC-10 上还可以享受到 200 美元一瓶的威士忌，而且该飞机上的所有饮料都是免费提供的。

✈ 日本政府的专机

日本有两架政府专机，主要用于接送天皇、皇后和首相，首相个人不能随便使用。这两架波音 747-400 飞机是从美国进口的，机身长为 70.70 米，翼展为 64.9 米，总续航能力达到了 1.2 万千米，堪称"空中的巨无霸"。机身为白色，垂直尾翼上印有日本国旗，机首印有"日本国·JAPAN"的字样，机舱内部设有贵宾室、秘书室、会议室、办公室、随行人员室、普通客舱以及一个医疗室。

经典问答

你听过美国首脑专用避难飞机 E-4B 空中指挥机吗?

E-4B 空中指挥机是由美国波音 747-200B 飞机改装而成的，是为美国总统和军政高官，在美国遇到毁灭性灾难时逃命而制造的一种专用飞机。该机全年均为 24 小时待命，得到指令 5 分钟就可以起飞，可抵御核武器，飞行数日无需加油。该指挥机装备四台发动机、采用后掠式机翼，能进行远程和高空飞行，并能在空中加油。由于该机不止一架，因此还用于美国本土受到空袭时、国家出现紧急情况或地面指挥控制中队遭到毁坏时，E-4B 作为一种现代化高生存性的指挥、控制和通信中心，用于指挥美国部队，执行紧急命令，并协调地方政府行动。

▲ E-4B

荧幕上的飞机

对于飞机这种交通工具，一般人不会像乘坐公交车、大巴车或私家车那么频繁，所以在平时的生活中很难见到。大多数人对于飞机的印象还只是停留在图书、电视或者电影中，尤其是通过电视或电影，人们会更加直观地见到各种飞机，比如客机、战斗机、直升机、水上飞机等。如果你是一个飞机爱好者，你一定还会自己去研究过这些飞机背后的故事。

▲ 银幕亮相次数最多的 C-130"大力神"

✈ 银幕亮相次数最多的军机

C-130"大力神"运输机是美国洛克希德飞机制造公司研制的，也是世界上设计最成功、使用时间最长、服役国家最多的运输机之一，还是银幕上亮相次数最多的军机。C-130 在电影《僵尸世界大战》中用于投放物资，在《空军一号》中用于执行解救任务。另外，在《蝙蝠侠：黑暗骑士》和《蝙蝠侠：黑暗骑士崛起》中，这架运输机都曾经在银屏上闪亮登场。

✈ 特殊的"银屏演员"——"空军一号"飞机

"空军一号"作为美国总统的专属座驾和移动办公室，几乎可以说是刀枪不入。这一特殊的银屏演员曾多次出现在电影中，成为观众最喜欢的飞机之一。比如，在电影《空军一号》中，一小撮恐怖分子曾登上"空军一号"，最后依靠文武全能型的总统才使危机得以化解。而在 2013 年的《惊天危机》和《钢铁侠3》中，"空军一号"各被击落一次，比现实中的性能弱了很多。

▼ VC-25A"空军一号"也曾多次出现在电影中

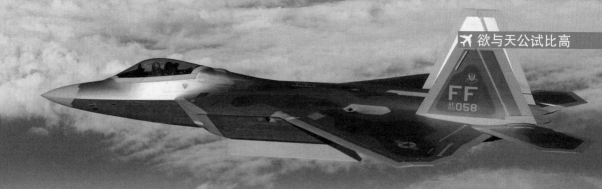

▲ F-22 战斗机曾在电影《变形金刚》

✈ 出现在《变形金刚》中的 F-22 战斗机

F-22 "猛禽"战斗机是美军现役的主力战斗机，是洛克希德·马丁公司最得意之作。作为当今世界上最昂贵的、同时也是综合性能最强大的战斗机种，F-22 战斗机不仅能超声速巡航、超视距作战，并且对雷达和红外线隐形，在战场上卓越的把控力也体现了它不菲的身价。但是在《变形金刚》中，F-22 战斗机却被混入的反派打了个措手不及，毫无招架之力。

✈ A-400M 军用运输机第一次银幕亮相

▼ A-400M 军用运输机
出现在《碟中谍5》中

在 2015 年上映的《碟中谍5》中，饰演主角的 52 岁的汤姆·克鲁斯就施展了"扒飞机"绝技。这是一架正在飞行中的 A-400M 军用运输机，汤姆·克鲁斯手扒舱门，上演了惊心动魄的一幕。即使是在播放影片的时候，观众也着实为汤姆·克鲁斯捏一把汗。这段实拍成为了这部电影中最精彩的部分，很多观众通过这部影片才开始认识了这架空中客车公司的得意之作——A-400M 军用运输机。这也是这架运输机的第一次银幕亮相。

▲ E-3"望楼"预警机也曾是"电影明星"

✈ 电影《极度恐慌》中出现的军用飞机

在 1995 年出品的美国电影《极度恐慌》中，曾出现过大量的军用飞机。比如，美国贝尔-206 "喷气突击队员"直升机、C-130 "大力神"运输机、C-47 运输机、AH-6 "小鸟"武装直升机、UH-1C "休伊"直升机、E-3 "望楼"预警机、C-123K "供应者"运输机以及 AH-6 军用直升机等。

新知词典

纪录片《航空档案》

2009 年 5 月播出的《航空档案——中国航空工业大揭秘》是由中国航空工业集团公司与中央电视台军事频道联合摄制的大型系列纪录片。该纪录片以历史为主线，飞机型号为中心，从歼击机系列、轰炸机系列、运输机系列、直升机系列、发动机系列、民用飞机系列、无人机系列、航空人物系列等八大系列，向观众展示和回顾了新中国航空工业 58 年的创业历程和辉煌成就。该片使广大观众走近了中国航空工业，了解了中国航空科研生产的艰辛与成就，理解了航空工业的战略地位和价值，感受到了航空人百折不挠、默默奉献的报国情怀。

微型飞行器

　　微型飞行器也称为MAV，被认为是未来战场上的重要侦察和攻击武器。这种飞行器的尺寸一般小于20厘米，却能够巡视足够大的范围，而且飞行时间不少于15分钟，并且能够传输实时图像或执行其他任务。作为一种新兴的特殊用途的航空器，目前它仅限于执行探测任务。

✈ 不同于传统的飞机

　　微型飞行器不同于传统概念上的飞机，它是MEMS（微机电系统）集成技术的产物。微型飞行器的姿态控制系统中的微型地平仪、微型高度计，导航系统中的微型磁场传感器和微型加速度计、微陀螺仪等，飞行控制系统中的微型空速计、微型舵机等，在微型飞行器上应用的微型摄像机、微型通信系统等，都需要MEMS技术的支持，以减少体积和质量，改善飞行器的性能。

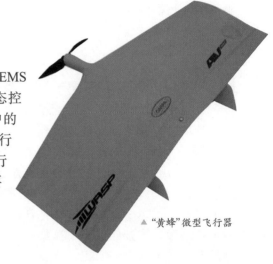

▲ "黄蜂"微型飞行器

▲ 微型飞行器可以用来搜寻爆炸装置

✈ 依靠 MEMS 技术

　　微型飞行器飞行的时候，除了机身和机翼外，都需要依靠MEMS技术，甚至机翼也可以用MEMS技术制造灵巧蒙皮，以控制飞行器的飞行姿态。当然，微型飞行器的核心——微型发动机更需要利用MEMS技术来制造。

✈ 特殊的用途

　　微型飞行器有哪些用途呢？一是可以用于军事侦察，可以装备到士兵班，进行敌情侦察及监视；二是可以用于战争危险估计、目标搜索、通信中继，监测化学、核或生物武器，侦察建筑物内部情况。另外，在非军事领域，如果给微型飞行器配置上相应的传感器，它还可以用来搜寻灾难幸存者、有毒气体或化学物质源，消灭农作物害虫等。由于便于携带，操作简单，安全性好，所以微型飞行器可以大量装备部队，适用于城市、丛林等多种战争环境。

经典问答
什么是微机电系统?

微机电系统(MEMS)也叫做微电子机械系统、微系统、微机械等,是在微电子技术(半导体制造技术)的基础上发展起来的,是融合了光刻、腐蚀、薄膜、LIGA、硅微加工、非硅微加工和精密机械加工等技术制作的高科技电子机械器件。

微机电系统是集微传感器、微执行器、微机械结构、微电源微能源、信号处理和控制电路、高性能电子集成器件、接口、通信等于一体的微型器件或系统。MEMS 是一项革命性的新技术,广泛应用于高新技术产业,是一项关系到国家的科技发展、经济繁荣和国防安全的关键技术。

▲ 微型飞行器空中模拟试验飞行

✈ 最早研发的微型飞行器

美国中情局是最早从事微型飞行器研发的机构。1995 年,美国国防高级研究计划局正式启动微型飞行器技术研究。目前,美国国防部正在投入数百万美元研制这种微型飞行器。2000 年,美国一家公司发明了一种叫做微型机械飞行昆虫的微型飞行器。它可以通过扇动翅膀产生的升力来模拟昆虫的飞行,是专为室内操作而设计的。

✈ 正在研究的微型飞行器

微型飞行器跟鸟类和昆虫的飞行类似,因此对鸟类和昆虫的研究对微型飞行器大有帮助。目前,正在研究的微型飞行器主要有三种:第一种是像飞机一样的固定翼模型,第二种是跟昆虫和鸟类一样的扑翼模型,第三种是跟直升机一样的旋翼模型。

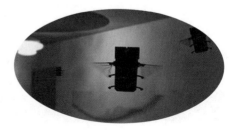

▲ 美国空军提议的"熊蜂尺寸"微型飞行器模拟截图

未来航空

　　未来民用飞行器不仅速度会更快,而且会更加安全、舒适;军用航空飞行器则将更加隐蔽、机动性能更好。有人甚至设想未来的飞机会像外星飞碟。随着人类航空事业不断发展,这些设想在某一天也许会成为现实。今天,航空业在国民经济中占有重要的地位,对于推动社会经济、政治文化事业的发展,提高人们的生活水平,将会发挥越来越重要的作用。

▲ 乘坐飞机的人将会越来越多

✈ 航运业将日益活跃

　　随着人们生活水平的提高,在民用飞机领域,未来的航空乘客人数将快速增长,而航班的目的地也将增加。同时,世界各国都在计划将其主要的航空港发展成为本地区的航空枢纽,并不断发展国内各城市的支线机场,全球也正在加速航空业的开放步伐。这些都将促使未来航运业日益活跃。

✈ 新型合成材料

　　未来以合成材料为飞机制造材料,会使飞机的空中飞行变得更加可靠,同时降低维护费用。它还能减轻飞机总质量,减少燃料消耗,同时承载更多的乘客或货物,或者在达到它们最大起飞质量的环境下飞得更远。而一些"绿色"能源,比如燃料电池、太阳能以及人体自身的热量,也可以为未来飞机上的某些系统提供动力。航空工程师将继续利用大自然作为灵感的来源,一些飞机甚至可以像候鸟一样结队飞行,以减少阻力、燃油消耗和排放。

▲ 太阳能飞机或许在未来会得到普遍应用

✈ 未来的飞机将更加舒适

　　随着各国飞机技术的不断成熟,未来的飞机将更加舒适、便捷。比如,客舱窗口会变得更大,面积会比现有的窗口有所增加,座椅将采用更符合生态学原理、能够自我净化的材料,更加清洁,并可以根据乘客的需求非常容易地改变形态,给人更强的舒适感,而客舱的舱壁可以通过一个按钮就能变得完全透明,让乘客尽情观赏飞机外面的世界。

太阳能飞机

　　太阳能飞机是一种新型飞机,它以太阳辐射作为推进能源。1974年11月4日,世界上第一架太阳能飞机在4 096块太阳电池的驱动下缓缓地离开了地面,这次成功的飞行标志着太阳能飞行时代的来临。20世纪80年代初,美国有了太阳能飞机。到了20世纪末,一架新型的太阳能飞机成功的从巴黎飞到了英国。进入21世纪,太阳能飞机有了飞速的发展。

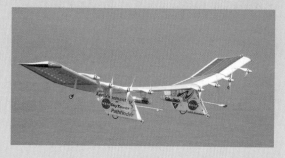

　　太阳能飞机以太阳能为能源,对环境无污染,使用灵活、成本低,有着广阔的应用前景,目前,许多国家都在进行相关技术的研究。

▲ 太阳能飞机

✈ 未来的战斗机

　　从20世纪90年代开始,美国和俄罗斯已经不再研制专用的制空战斗机和战斗轰炸机,而是将具有低空超声速隐形突防能力的战斗机确定为未来战机的方向。为了面对21世纪新的空战形式,美国空军研制了集合各种高科技于一体的F-35战斗机。它集隐身、高机动性、高生存性、低成本于一体,不仅将是美军未来战机的新宠,也将是第5代战机的代表机型。

F-35 高科技战斗机

✈ 前景更加广阔

　　从市场发展前景看来,伴随着航空技术的进步和运输组织管理及服务水平的提高,特别是大型民用运输机出现后,世界民航业一直处于快速增长状态。到目前,全球形成了以北美、欧洲和亚太地区为主的三大航空市场,占全球市场份额近90%。由此可知,未来航空业将更加广阔,所涉及的领域也会更加宽广。这既对航空业的发展提供了动力,也对航空技术和服务的发展提出了新的要求。